青少年 科普知识 读本

打开知识的大门，进入这多姿多彩的殿堂

喧嚣的海洋

瑞　烨◎编著

河北出版传媒集团

河北科学技术出版社

图书在版编目(CIP)数据

喧嚣的海洋／瑞烨编著. --石家庄：河北科学技
术出版社, 2013. 5(2021. 2 重印)
ISBN 978-7-5375-5880-8

Ⅰ. ①喧… Ⅱ. ①瑞… Ⅲ. ①海洋-青年读物②海洋
-少年读物 Ⅳ. ①P7-49

中国版本图书馆 CIP 数据核字(2013)第 096463 号

喧嚣的海洋
xuanxiao de haiyang
瑞烨　编著

出版发行		河北出版传媒集团
		河北科学技术出版社
地　　址		石家庄市友谊北大街 330 号(邮编:050061)
印　　刷		北京一鑫印务有限责任公司
经　　销		新华书店
开　　本		710×1000　1/16
印　　张		13
字　　数		160 千字
版　　次		2013 年 6 月第 1 版
		2021 年 2 月第 3 次印刷
定　　价		32. 00 元

前言

Foreword

　　我们生活的星球被海洋覆盖，地球上最长的山脉和最深的壕沟都在海洋里。海洋孕育了地球上最初的生命，它使我们的星球繁育出如此多样的物种。海洋充满奥秘和魅力，它对于人类曾是一片未知的世界。

　　辽阔的大海，魅力无边，海底蕴藏的无尽"宝藏"，更等待着人们去探索，去开发……海洋，被公认为是"人类生存与发展的重要空间"。可是，对大多数人来说，它依然显得遥远而又陌生。面对这片绮丽的蓝色家园，我们需要了解得更多……在文明进步的过程中，探索海洋、认识海洋是人们不懈的追求。

对生活中的自然现象、事物保持好奇心和探索欲，会使青少年的观察力变得更为敏锐、细致。如果尝试着了解这些现象背后的秘密，不但能提高青少年的理解能力，而且还可以丰富他们的知识储备。《喧嚣的海洋》知识全面、视角新颖、体例科学，能满足青少年的好奇心，培养他们的思维能力，激发他们的想象力和探索世界的潜能。

海洋——广阔无垠、美丽富饶，是人类未来的希望。青少年是未来海洋的探索者、开发者、保护者，是未来海洋的希望……欢迎你们走进海洋的世界。

Foreword

前言

海洋风貌

目录

Contents

海洋景观

海洋生物

海洋之最

目录

Contents

目录

Contents

海洋资源

第一章

海洋风貌

海洋，深邃而广袤，覆盖了地球71%的地表面积。经历亿万年沧海桑田的海陆巨变后，它才呈现出今天的面貌。深深地吸引着人类的目光……

"海" 和 "洋"

当人类第一次离开地球，从太空遥望自己的家园时，人们惊讶地发现，地球是一颗蔚蓝色的水球。这是为什么呢？原来，在地球上的 5.11 亿平方千米的总面积中，海洋约占了 71%，面积达 3.62 亿平方千米，大约有 38 个中国那么大。所以，从太空远远望去，地球就成为一颗蔚蓝色的水球了。

地球上的陆地不仅比海洋小，而且显得比较零碎，这里一片，那里一块，好像突出在海洋上的一些大的"岛屿"。海洋却是连成一片的，各大洋都彼此相通，形成一个统一的世界大洋。所以，地球表面不是陆地分隔海洋，而是海洋包围陆地，地球上的居民全生活在大大小小的"岛屿"之上，只不过，有些"岛屿"相当大而已。

地球上水地很多，大大小小的湖泊、河流星罗棋布，而在其中唱主角的，对地球的方方面面形成显著影响的，自然首推海洋，因为海洋水总体积约有 133 899 万立方千米，约占地球上水储量的 96.5%。假如地球是一个平滑的球体，把海洋里水平铺在地球表面，世界将出现一个深达 2440 米的环球大洋。

海洋是地球表面除陆地水以外的水体的总称。

其实，"海"和"洋"就地理位置和自然条件来说，它们是海洋大家庭中的不同成员。可以这么说，"洋"犹如地球水域的躯干，而"海"连同另外两个成员——"海湾"和"海峡"则是它的肢体。

"洋"指海洋的中心部分，是海洋的主体，面积广大，约占海洋总面积的 89%。它深度大，其中 4000～6000 米的大洋面积约占全部大洋面积的近 3/5。大洋的水温和盐度比较稳定，受大陆的影响较小，又有独立的潮汐系统和完整的洋流系统，色度较高，多呈蓝色，且水体的透明度较大。

世界的大洋是广阔连续的水域，通常分为太平洋、大西洋、印度洋和北冰洋。有的海洋学者，还把太平洋、大西洋和印度洋最南部连通的水体，单独划分出来，被称为南大洋。

"海"是大洋的边缘部分，约占海洋总面积的11%。它的面积小，深度浅，水色低，透明度小，受大陆的影响较大，水文要素的季度变化比较明显，没有独立的海洋系统，潮汐常受大陆支配，但潮差一般比大洋显著。

"海"按其所处的位置和其他地理特征，可以分为三种类型，即陆缘海、内陆海和陆间海。濒临大陆，以半岛或岛屿为界与大洋相邻的海，称为陆缘海，也叫边缘海，如亚洲东部的日本海、黄海、东海、南海等；伸入大陆内部，有狭窄水道同大洋或边缘海相通的海，称为内陆海，有时也直接叫作内海，如渤海、濑户内海、波罗的海、黑海等；介于两个或三个大陆之间，深度较大，有海峡与邻近海区或大洋相通的海，称为陆间海，或叫地中海，如地中海、加勒比海、红海等。

此外，根据不同的分类方法，海还可以分成许多类型。例如，按海水温度的高低可以分为冷水海和暖水海；按海的形成原因可以分为陆架海、残迹海，等等。

四大洋的附属海很多，据统计共有54个海。太平洋西南部的珊瑚海，面积广达479万平方千米，是世界上最大的海。介于地中海和黑海之间的马尔马拉海，面积仅11 000平方千米，是世界上最小的海。

海湾，是海或洋伸入陆地的一部分，通常三面被陆地包围，且深度逐渐变浅和宽度逐渐变窄的水域。例如，闻名世界的"石油宝库"波斯湾，仅以狭窄的霍尔木兹海峡与阿曼湾相通，不过，海与湾有时也没有严格的区别，比斯开

湾、孟加拉湾、几内亚湾、墨西哥湾、大澳大利亚湾等，实际都是陆缘海或内陆海。

　　海峡，是两端连接海洋的狭窄水道。它们有的分布在大陆与大陆之间，有的则分布在大陆与岛屿或岛屿与岛屿之间。全世界共有 1000 多个海峡，其中适于航行的约有 130 个，而经常用于国际航行的主要海峡有 40 多个。例如，介于欧洲大陆与大不列颠岛之间的英吉利海峡和多佛尔海峡，沟通太平洋与印度洋的马六甲海峡，被称为波斯湾油库"阀门"的霍尔木兹海峡，我国东部的"海上走廊"台湾海峡，沟通南大西洋和南太平洋的航道——麦哲伦海峡，以及作为地中海"门槛"的直布罗陀海峡……

海洋是如何诞生的

　　在地球形成后的最初阶段，巨大的星际碰撞有规律地发生着，大量的尘埃被释放到大气中，遮住了所有的阳光，使地球陷入黑暗中。

　　44 亿年前，行星撞击次数的减少使岩浆的活动减弱，地球的表面开始冷却。渐渐地，冷凝的岩浆变成了一层薄而黑的地壳覆盖在地球上。

　　虽然行星撞击和火山喷发会频繁地把地壳撕开，把炽热的岩浆喷向天空，但是，随着撞击次数的不断减少，冷却的不断进行，地球表面已形成了越来厚的地壳。冷却使大气中的水蒸气冷凝成水滴，水滴以降雨的形式落到地面上。这些雨水积少成多，渐渐形成了地球上的第一个海洋。这时的海水是呈酸性的，而且温度很高，大约有100℃。火山喷发和大量的降雨把一些盐类物质带入海洋中，使海洋开始有了一点儿盐度。环绕地球的大气仍充满着二氧化碳，并且密度很大，具有腐蚀性。随着越来越多冷凝水的形成，阳光开始穿透黑云。这时，海的周围矗立着高高的环形山，但水的侵蚀力量是巨大的，凶猛的洪水冲出深谷，冲刷着山峰，那些高大的环形山逐渐被海浪磨低或冲击得支离破碎，海岸山系慢慢形成了。而后来的几次小行星撞击又使海洋产生了滔天巨浪，整个地球海啸盛行。

岛屿是怎样形成的

大陆漂移学说的创始人魏格纳认为：大约在2.5亿年以前，现在的各大洲在古生代是一个单一的大陆——泛大陆，只有一个古老的大洋环绕在泛大陆周围。

随着潮汐力和地球自转离心力作用的发生，在大约1.8亿年前，泛大陆分为两大块，即劳拉西亚古

陆和冈瓦纳大陆，同时，古地中海和古加勒比海也开始形成。约1亿年前，非洲大陆和美洲大陆开始分裂，大西洋开始形成。接着，澳大利亚、南极洲和亚洲分离，中间形成印度洋。

移动大陆的前沿遇到玄武岩质基底的阻挡，产生了挤压和褶皱而隆起为山，而大陆移动过程中脱落下来的"碎片"，逐渐形成了岛屿。

海洋是如何演化的

地球及其海洋的演化一直以来都是科学家们所关注的话题。据科学研究，专家们将地球生命史分为古生代、中生代和新生代等几个发展时期。

古 生 代

大约在5.5亿年以前，庞大的超级大陆依然沿着赤道分布，过了不久，巨大的裂隙撕开了大陆，海水涌入，形成了大片的浅水区域。在后来的2亿年里，大陆开始分离并向两极漂动。岩石和化石表明，那时海洋的温度在20～40℃，海水的化学成分和含盐量与现代的海洋非常相似。此外，大气中的氧气含量不断上升，这为原始生命的形成创造了理想的条件。

生物多样性

寒武纪是古生代的开端，这是一个以空前的生物演化和海洋生物多样性为标志的时期。在1000万～3000万年这段时间里，海洋生物迅猛发展，并出现了地球上生物所有形态的雏形。所以科学家们把这一时期称为寒武纪爆发或生物大爆炸时期。这期间，地球上诞生了甲壳类、贝类、海胆、海绵、珊瑚、蠕虫以及其他生物的祖先。生物第一次开始利用海水中的矿物质，如二氧化硅、碳酸钙和磷酸钙等来制造贝壳或骨骼；海洋中的一些生物进化出了硬体部分，如贝壳、棘状物和由鳞构成的鳞甲等。

植物的出现

大约4亿年前，苔和蕨类植物使原本荒芜的大地披上了一层新的绿色，森林也开始出现。大片的沼泽取代了早期的海洋环境，干燥的风在广袤的沙漠地区吹扬。海洋和海岸带之间的竞争变得愈加激烈，动物被迫迁向陆地以寻求安定的环境和新的食物来源。最早离开海洋

的生物是早期的两栖动物——它们是现代青蛙、蟾蜍和蝾螈的祖先。这些两栖动物的化石和遗迹表明，它们通常生活在小溪和沼泽里，以捕食昆虫、鱼类和自己的同类为生，只是偶尔跑到陆地上休息或觅食。由于两栖动物必须回到海洋中产卵，所以不能总是停留在陆地上，它们向纯粹陆地动物的转化并不彻底。对于海洋生物来说，它们第一次从海洋到陆地的过程就像一场噩梦，这其中出现了太多可怕的东西——太阳的酷热、身体受到无法避免的重力的影响、怪模怪样的食物和不可预知的天敌或灾难……但它们承受了下来，动物终于进化出了适于陆地生活的骨骼和细胞结构。

中生代

大约2.45亿~2.5亿年前，地球进入了中生代时期，海洋和陆地在相互的"竞争"中形成了一个崭新的面貌。板块运动再次将大陆形成了一块我们称之为泛古陆的庞大陆地。这一新生的超级大陆覆盖了大约40%的地球表面，从南

极一直延伸到北极。一个广袤的世界性大洋围绕着泛古陆，被称为泛古洋。泛古洋的深度跟现代的太平洋的深度差不多，宽度却是太平洋的两倍。在泛古洋中，风和其他的表面作用力创造了两个巨大的水流运动循环模式——环流。两大环流一个位于北半球，一个位于南半球。沿着泛大陆的东西海岸，水温的差异很大，海平面相对较低；沿着大陆的边缘，浅水栖息地变少了，气候炎热干燥。气候随季节和纬度的改变而改变，但这时在极地地区并没有形成广阔的冰川和冰盖。

蒂锡斯海

1.7亿~2亿年前，泛古陆再一次被地球内部的作用力撕开，生成了两块较大的陆地——北面的劳亚古陆和南面的冈瓦纳大陆。在两块大陆之间，形成了一条沿着赤道生成的狭窄水道——蒂锡斯海。在蒂锡斯海水道中的水流中，产生了一个在整个广袤的泛古洋中输送热量的巨大的、全球性的洋流。后来，两块大陆分离，形成了古大西洋和古印度洋。而日渐上升的海平面，再一次淹没了陆地，形成了大片的浅海环境。

新 生 代

从6500万年前至今的这一段时期被称为新生代，与古生代和中生代相比，新生代有它更为显著的特点：这时，适于生命发展的条件已经具备，关键看谁能够适应、对抗和忍受这正在变化的环境条件了。适者生存，较弱小的物种需要不断地与捕食者和多变的环境作斗争，只有强健的个体才能生存。在海底和陆地上形成的高耸的山脉，永久性地改变了地球的气候。海洋的温度和环流都发生了很大的变化，这影响着地球和地球上生命的分布。这时，地球上的统治者为哺乳动物，它们最终进化出人类的祖先——古猿。

多个海洋的形成

中古期的海洋发生了很大变化，早期的南大西洋位于非洲和南美大陆之间，狭窄的北大西洋正在欧洲和北美大陆之间形成；而曾和南极洲相连的澳洲大陆已经分离开来了，并慢慢向北移动；同时，印度板块已与非洲大陆分离，且向北缓缓迁移，很快将与亚洲大陆相撞。新生代早期，大陆位置的不断变化和海盆的扩张对古代海洋的环境影响颇深，后来，对整个地球都产生了影响。那时，古地中海水道和它的赤道环流停止了。澳洲大陆与南极洲分离后，南极洲往南更接近南极，而澳洲也与南美大陆一起向北移动。此时，一股新的环流正沿着南部大陆形成，地球在中生代时逐渐成为一个遍布海洋的蓝色星球。

海洋是生命的摇篮

生命究竟源自何处，对于这个问题经历了长达几个世纪的争论，科学终于证明了生命是地球的产物。

生命从单细胞的形成开始，它们在水中生活，自由自在地嬉戏、游弋、繁衍和生殖。经过几亿年的演变，生命由低级向高级进化，不少生物的活动舞台由大海移向陆地，人类也是这样，是在生物的发展演变中产生的。

科学家通过对海底"化石"的研究发现，这些"化石"是古海底的一些生物遗体。古老的海底在地壳的运动中有的上升成陆地、高山；有的继续下沉形成海沟，经过亿万年的时间，海底动植物的遗体成了化石。人们从这些化石所出土的地层，便可推知亿万年前的海洋里生命的活动情况。

在距今 5 亿多年前的早古代寒武纪，单细胞原生动物已经是海洋里十分活跃的居民了，这些原生动物有独立活动的本领，有刺激感应，它们能伸出一些树枝状的"小脚"捕捉食物或改变自己的"行走"路线，趋向阳光或者走向阴凉的地方。古海绵利用它周身的水管吸取着海水的养料；三叶虫吞食着藻类。从浅海到几千米深的大洋里到处可见三叶虫活动的踪迹。在整个古生代 4 亿多年里，三叶虫都在繁殖着子孙。在清澈的浅海里，像杯子一样的古杯动物拥挤地站立在岩礁上。蛹虫、古棘皮动物、甲壳动物、软体动物、腔肠动物等都是这时期的主要角色。从 6 亿年前的寒武纪到 2 亿年前的二叠纪，海洋是一个繁荣的世界。生命在不断地进化。

人类出现在 4 亿年前的奥陶纪，经过志留纪和泥盆纪，一代代繁殖着自己的后代，成为海洋的主人，并逐渐走上陆地。以后不管地球上发生什么样的剧烈变化，总有一些无颚鱼的后代能适应改变了的生活环境，变换着自己的身体结构。到距今 3 亿年左右，它们越过了潮间带，爬上陆地，成为既可以生活在陆地上，又可以回到水里的居民——两栖动物。

那时的陆地上，气候温暖而湿润，长满了高大的鳞木、封印木、沟鳞木和各种羊齿植物，阳光在这里比海洋里要充足得多，生命赖以生存的氧气，也更加丰富。慢慢地生物用来呼吸的肺变得越来越完善了。生命度过了两栖阶段，脱离了海洋。

到了 2 亿 3 千多万年前的中生代，爬行动物异常繁盛，以至于我们把 1 亿 8 千万年前的一段时间称为爬行动物的时代。哺乳动物出现在距今 1 亿 8 千万年前的中生代侏罗纪。

又过了 1 亿 1 千万年进入新生代时，哺乳动物才成为陆地上的统治者。

和我们人类有直接关系的灵长类就是哺乳动物的一个分支，它们的出现却要晚得多，只有 2500 多万年的历史。而我们人类的祖先诞生在 300 万年前的新生代第三纪，这是整个生命发展史上的一个重大事件，而 300 万年只占了它的 1/200。

为什么海洋能在生命发展史上发挥这么重要的作用呢？这是因为海洋具备

了生命生存和发展的必要条件。海水里溶解着各种各样的营养物质，如碳酸盐、硝酸盐、磷酸盐、氧……这都是生命所不可缺少的。海洋拥抱了那些原始的生命，充足的海水使得这些生命可以进行新陈代谢。至今，水一直是生命的"命根子"。

海洋把阳光挡住，使得生活在它怀抱里的生命免受阳光的杀伤，特别是免受紫外线的伤害。海水吸收了阳光，表层变得温暖起来，这层温暖的海水就是生命的襁褓。它覆盖着怀里的"婴儿"，使得它们不会被冻死。这些原始的生命，生活在海洋里，它们吸收营养和排泄废物的那一部分器官进化成了消化和排泄器官；它们经常用来感觉光线的那一部分进化成了眼睛；它们用来活动的那些部分进化成了鱼鳍；那些支配和协调动作的一部分进化成为神经和脑。生命就这样成长、进化，后来有一些离开自己的故乡，来到陆地；有一些则被留在海洋里。现在的鱼、虾、贝、藻还可以算作人类的远房表亲呢！

那么，是不是海洋一直那么细心温柔地照料自己"创造"的生命呢？说实在的，地球根本不把海洋放在眼里，海洋也没有心思去关心怀抱里的生命。

地壳运动使岩层断裂，海底火山爆发，炽热的岩浆把海水变成腾空的蒸汽，亿万生命一刹那间化成云烟，飘散到空中；寒风带着一股冰冷的海水冲了过来，把一群鲜活的生物变成埋藏在海底的尸体；地壳升高，大片的海水被分隔开来，阳光肆意施展威力，把水晒热、烤干，迫使泥水里的生物张开嘴呼吸。在大自然面前，能存活的生物就传宗接代，繁衍下来；不适应新环境的生物则被淘汰，在地球上消失了踪迹。也有不少侥幸从自然选择的网眼里逃脱出来的，成为今天的活标本。1952 年在印度洋捕到的一条马氏矛尾鱼，就是一例。这条马氏矛尾鱼是两亿年前海洋里

总鳍鱼的近亲，它们侥幸躲过了大自然的选择，一直把祖先遗传的体形保存到现在。

海洋中的生物死亡后，它们的钙质骨骼沉降在海底，逐渐被挤压成数百米厚的岩石，它们的肉体被封闭在岩石缝隙里，在一定的温度和压力下变成黑乎乎的黏稠的液体，也就是海底石油，是人类生活所不可缺少的能源。

海洋孕育了生命，又是生命幼稚时期的摇篮。现代的海洋更呈现出一派生机勃勃的繁荣景象。成千上万种生物依偎在它蔚蓝色的怀抱里，从海洋那儿获得营养，繁殖着后代。那些小型生物，如硅藻、海球藻和小型水母、箭虫、小甲壳动物等，随波逐流，被称为浮游生物，它们是海洋里那些小居民们的粮食；而那些人们熟悉的鱼虾、海兽、海龟等，它们的游泳能力较强，称为自游动物；那些生活在海底的生物，有的固着在岩石上，有的躲藏在泥沙里，有的附着在其他生物身上，有的缓慢地移动着笨重的身体，人们称它们为底栖生物。海洋无私地哺育着这些生物，经过亿万年的演化，终于发展成现今我们所见到的海洋生物界。

奇特的海底地形

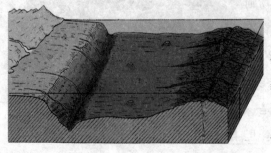

据资料显示：世界上海洋的平均深度为3800米，在深厚的海水掩盖下，人们很难了解海底的面貌。其实，海底并不像我们想象中的那么平坦，跟陆地上一样，那里也有雄伟的高山，有深邃的海沟与

峡谷，还有辽阔的平原。太平洋中的马里亚纳海沟是海洋的最深处，其底部在海平面以下 11 034 米，将世界最高峰——珠穆朗玛峰放进去，山顶距海平面还有近 2200 米的距离。

海洋地形构造非常复杂，主要由大陆架、大陆坡、海盆和大洋底部的海沟、海底平顶山、大洋中脊及海底火山等组成。

大 陆 架

大陆架也叫陆架、陆棚。指围绕陆地的平浅海底，宽度从 0 ~ 1000 米不等。绝大部分分布在各大海的边缘海中，以分布于太平洋的最大，达 1000 万平方千米，占大陆架总面积的 37%，超过印度洋和北冰洋大陆架面积的总和。按大陆架面积在大洋总面积中所占的百分比，则以北冰洋为第一，大陆架共达 500 万平方千米，等于北冰洋总面积（1310 万平方千米）的 38%。如果按北欧海域计算，百分比更高，洋面 408 万平方千米，大陆架有 186 万平方千米，占前者的 45.6%。印度洋是大陆架面积最小的大洋，仅 320 平方千米，约为洋面的 4.2%。

大 陆 坡

大陆坡，又称大陆斜坡、陆坡。所据海域，相当于海洋学中的次深海带。

是大陆架与洋底的过渡地带，深 200 ~ 300 米，宽十几至数百千米，平均宽约 70 千米，坡度从几度至 20 多度。世界大洋底部的大陆坡总面积约在 5380 万 ~ 5740 万平方千米，约占海洋总面积的 15.9%。以太平洋的大陆坡面积最大，达 2450 万平方千米，约占大陆坡总面积的 45%，太平洋面积的 13.6%。按大陆坡在洋底面积所占的百分比，太平洋最少，而以北冰洋为世界第一。北冰洋底的大陆坡，绝对面积虽最小（640 万平方千米），但在整个洋底面积中所占百分比却最高，为 49.1%。

印度洋岛国斯里兰卡东岸海底，大陆坡坡度达30°，远远超过大陆坡的平均坡度（5°），以往一直被认为是大陆坡最陡的地方。但据新的海洋地貌调查资料，发现在北纬20°和西经70°05′附近，即加勒比海北部、伊斯帕尼奥拉岛东南沿海，大陆坡的坡度可达45°，这是世界大洋中迄今已知的大陆坡的最大坡度。

大陆坡的形成

如果看一下太平洋、大西洋、印度洋的海底图，你会发现大陆坡像一条飘带一样环绕着整个海洋。从图上看，它只是微不足道的很窄的一条，但若用具体数字表示，它可是地球上最大的斜坡。大陆坡的顶部是大陆架的边缘，水深100~200米，底部在深海底，水深3000~4000米，其宽度从十几千米到几十千米不等。实际上，大陆坡海底就是洋盆的边坡，如果把海洋比做一个大水盆，大陆坡就是围绕水盆的四周的边。

大陆坡地质结构属于陆地地壳。

峡　谷

最长的海底峡谷

海底峡谷，又称水下峡谷。多出现在大陆坡上、大陆坡前缘或大陆坡与大陆坡之间。有的海底峡谷上端可达大陆架上，甚至大的河口，如海底河谷（又称水下溺谷），然后向下延展，及于洋底。大多数与大陆坡的横向延展成直角，少数与其平行。海底峡谷以大西洋洋底最为发达，最大，也最典型。

北美洲北部拉布拉多半岛的大陆坡和格陵兰岛大陆坡东南侧衔接处，发育出一条南北延伸的海底峡谷，取名为北大西洋洋中峡谷。北起戴斯海峡（接近北极圈），东南绕过纽芬兰外侧的大陆坡，折而偏西南，直抵北纬40°左右，没入索姆深海平原。全长约6000千米，是世界最长的海底峡谷。大西洋另外尚有

几条著名海底峡谷，如圣劳伦斯海底峡谷、刚果河海底峡谷、亚马孙河海底峡谷等，但长度远不及北大西洋洋中峡谷。

海底大峡谷

与一般的海底峡谷不同，有些海底峡谷同陆地上的河流相连接。比如北美洲东海岸的哈德逊海底峡谷，它的源头是哈德逊河，河流流入海洋，在海底有个浅平的谷地。进入大陆坡海底，谷地也随之加深，谷底与海底的高差达1000米，到深海底时，峡谷消失。

南京大学的女海洋学家王颖教授曾用深潜器对圣劳伦斯海底峡谷进行海洋地质考察，并在那里发现了深水砂层、深水海底沙坡；在峡谷外围深海底，还发现了大片由陆地上冲到几千米深海底的砂层。这说明，与陆地上山区的泥石流一样，海底峡谷涌出的泥沙流也在离大陆很远的深海底运动。

探索大海深处的秘密

由于海洋的形状像一个大盆，所以人们可能认为海洋的最深处在海洋的中央。其实不然，海洋最深的地方应该在大陆的边缘地带。

太平洋是世界上最大的海洋，我们打开世界地图可以看到，太平洋西部有一连串的深海沟，与海沟紧挨在一起的是一串呈弧形排列的海岛——岛弧。从北向南，先是阿留申群岛与阿留申海沟（深7822米）；而后是千岛群岛与千岛海沟（深10 546米），日本岛弧与日本海沟（深9997米）；马里亚纳海沟，汤加群岛与汤加海沟（深10 881米）以及菲律宾群岛与菲律宾海沟（深10 485米）。

海沟长几百至 1000 多千米，宽几十至一二百千米，比周围海底要深几千米。海底火山喷发形成的海岛被称为岛弧。海沟与岛弧的位置非常特殊，处在大陆地壳与海洋地壳交界处。由于地壳运动，地球上大部分火山与地震都集中在这里，占到全世界地震的 80% 以上。

地震在岛弧、海沟的分布上是很有规律的：在岛弧与海沟区常发生浅源地震（震源深度在 70 千米以内），越往大陆一侧，震源逐渐加深，出现中源地震（震源深度在 70～300 千米），更靠近大陆则分布着深源地震（震源深度超过 300 千米）。如果我们把震源归纳起来，大致成一个倾斜的平面，即从岛弧、海沟开始，以 40°的倾角向大陆一侧倾斜，似乎地球被一把"利斧"以 40°倾角砍了一刀，刀痕呈弧形；而"利斧"砍入地下 700 千米深，刀痕在地球内部却是一个平面，所有的火山活动、地震以及地幔岩浆的喷涌都发生在地球的这个"创伤面"上。

辽阔的海岸

海岸概述分类

海岸是临接海水的陆地部分。是把陆地与海洋分开，同时又把陆地与海洋连接起来的海陆之间最亮丽的风景线。

根据海岸动态，海岸可分为堆积海岸和侵蚀性海岸；根据地质构造，海岸可划分为上升海岸和下降海岸；根据海岸组成物质的性质，可把海岸分为基岩海岸、沙砾质海岸、平原海岸、红树林海岸和珊瑚礁海岸。

海岸线和海岸带

海洋表面与陆地表面的交界线，称为海岸线。通常也把多年平均高潮时海水到达的界线，称为海岸线。

海岸带则是指现代海陆之间正在相互作用的地带。也就是每天受潮汐涨落海水影响的潮间带（海涂）及其两侧一定范围的陆地和浅海的海陆过渡地带。

基岩海岸

基岩海岸是由坚硬岩石组成的，它轮廓分明，线条强劲，气势磅礴，不仅具有阳刚之美，而且具有变幻无穷的神韵，它是海岸的主要类型之一。基岩海岸常有突出的海岬，在海岬之间，形成了深入陆地的海湾。

岬湾相间，绵延不绝，海岸线十分曲折。

我国的基岩海岸多由花岗岩、玄武岩、石英岩、石灰岩等各种不同山岩组成。辽东半岛突出于渤海及黄海中间，该处基岩海岸多由石英岩组成。山东半岛插入黄海中，多为花岗岩形成的基岩海岸。

杭州湾以南，浙东、闽北等地的基岩海岸多由火成岩组成。闽南、广东、海南的基岩海岸多由花岗岩及玄武岩组成。

杭州湾以南的东南沿海地区，是整体抬升的山地丘陵海岸，其间镶嵌了小块的河口平原。这里多基岩海岸，海岸线曲折，港湾深入内地，岸外岛屿罗列，多海蚀崖、海蚀阶地、海蚀柱、海蚀洞等海岸地貌。

砾石海岸

砾石海岸是由潮滩上下堆积的大量碎玉般卵石块组成的。通常卵石的形状不一,大小不一,颜色也不一样。

卵石海岸在我国分布较广,多在背靠山地的海区。辽东半岛、山东半岛、广东、广西及海南都有这种海岸分布。辽东半岛西南端的老铁山沿海断续分布着以石英岩为主的卵石海岸。在山东半岛,许多突出的岬角附近都有卵石海岸出现。卵石海岸宽度各处不一,山东半岛东端成山头附近的卵石海岸宽度约40米,胶南及日照岚山头附近的卵石滩宽度可达数百米。在山东沿海的一些岛屿,如田横岛、灵山岛也有典型的卵石海岸存在。台湾岛东海岸濒临太平洋,水深坡陡,形成多处卵石海岸段。

台湾东海岸卵石滩宽度较大,在北端的三貂角和南端的鹅銮鼻一带宽度可达 800～1000 米。

砂质海岸

砂质海岸是由金色的、银色的沙粒堆积而成的。松软的沙滩和绚丽的色调是人们消暑、休闲的最佳选择。砂质海岸主要分布在山地、丘陵沿岸的海湾。山地、丘陵腹地发源的河流,携带大量的粗沙、细沙入海,除在河口沉积形成拦门沙外,随海流扩散的漂沙在海湾里沉积成砂质海岸。

我国的北戴河、南戴河、昌黎黄金海岸、青岛汇泉浴场、北海银滩浴场、海南三亚大东海、琅琊湾每到假期便聚集了四面八方的游客。成千上万的人在海中游泳嬉戏，在沙滩上进行各式各样的休闲活动，别提有多惬意了。

淤泥质海岸

　　淤泥质海岸主要是由细颗粒的淤泥组成。沿岸通常看不到一座山，向陆一侧是辽阔的大平原。淤泥质海岸一般分布在大平原的外缘，海岸修直，岸滩平缓微斜，潮滩极为宽广，有的可达数十千米。海岸的组成物质较细，大多是粉沙和淤泥。沿岸有许多入海河流，在沿岸附近、河口区经常可见古河道、泻湖或湿地等淤泥质海岸所特有的地貌景观。

　　我国的淤泥质海岸坦荡无垠，长4000多千米，约占我国大陆海岸的22%。淤泥质海岸地区的土地肥沃，向来是我国粮食生产的重要基地。

红树林海岸

　　红树林海岸是生物海岸的一种。红树植物是一类生长于潮间带的乔灌木的通称。潮间带是指高潮位和低潮位之间的地带，由低纬度向高纬度减少，因而红树林种属的多样性从南到北逐渐过渡到比较单纯，植枝的高度由高变低，从生长茂盛的乔木逐渐过渡到相对矮小的灌木丛。

　　红树林海岸主要分布于热带地区，南美洲东西海岸及以西的地带。

　　红树植物的种属繁多，但从世界范围上来讲，它分为西方群系和东方群系两大类。我国红树林与亚洲其他地区、大洋洲和非洲东海岸的种类同属于东方群系。南美洲与西海岸及西印度群岛、非洲西海岸是西半球生长红树林的主要地带。在东方，以印尼的苏门答腊和马来半岛西海岸为中心分布区。沿孟加拉湾—印度—斯里兰卡—阿拉伯半岛至非洲东部沿海，都是红树林生长的地方。澳大利亚沿岸红树林分布也较广。印尼—菲律宾—中印半岛至我国广东、海南、台湾、福建沿海也都有分布。

　　由于黑潮暖流的影响，红树林海岸一直分布至日本九州。

珊瑚礁海岸

　　珊瑚礁海岸是造礁珊瑚、有孔虫、石灰藻等生物残骸构成的海岸，依其特征可分为岸礁、堡礁和环礁。

　　珊瑚不是植物，而是一种叫珊瑚虫的微小的腔肠动物。珊瑚虫像个肉质小口袋一样，口袋顶部有口，口的周围长满有绒毛的触手。珊瑚虫到处漂游，四海为家，它一旦碰到海岸边的岩石或礁石时就扎根生长。珊瑚虫以群居为主，它们纷纷伸出触手，从海水中捕捉食物。食物消化以后分泌出石灰质，形成骨骼与灰质外壳。当珊瑚虫死亡之后，其骨骼遗骸积聚起来，其后代又在前辈的尸骸上繁殖，如此长期积累就形成了珊瑚礁海岸。其形态在所有热带海岸中别具一格。

　　由于珊瑚对生长条件的要求比较严格，所以珊瑚只能生长在具备它所需条件的热带、亚热带海区以及暖流影响到的温带地区。所以，珊瑚生长的界线，主要在赤道两侧南纬28°到北纬28°之间的海域。珊瑚礁的功能较多，它不仅对海岸具有保护作用，而且还常储存有油气资源。

　　另外，在珊瑚礁区建立海洋动物园、自然保护区，既是人们的旅游胜地，又是科研基地。

芦苇及盐生水草海岸

芦苇及盐生水草海岸是指生长着芦苇、大米草、盐蒿等植物的海岸。

这些植物的特点是能在咸水中生活、耐盐碱。它们初春发出新芽，把海岸染成一片翠绿，深秋又渐渐枯黄，为海岸换上金黄色的衣裳。在此类海岸中，芦苇海岸最多见。

芦苇属多年生高大草本植物。可用以保土固堤，并可作造纸、人造纤维的原料。芦苇适应性广，中国及世界其他温带地区均有分布。芦苇的形态变异较大，但一般具有发达的根状茎；地上茎高1～3米，粗细随生长条件而异；叶互生，带状，宽1～3.5厘米；复圆锥花序。它们适宜肥沃潮湿的环境条件，通常成片生于池沼、河旁、湖边，常形成芦苇荡。繁殖能力强，常用根状茎繁殖，也可用芦秆和种子繁殖。芦苇含纤维素44%，与木材纤维相仿，是优良的造纸原料，还可用以制人造棉及人造丝。秆可盖建茅屋，又可编织芦席、芦帘及其他用具。根状茎在中医学上称芦根，为清热利尿药。芦苇除可固堤外，常作为海涂开发的先锋植物，并有改良盐碱土及净化污水的作用。

芦苇海岸是鱼、虾、贝、蟹聚居地，是各种水禽、鸟类栖息的场所。

芦苇可以促淤固岸，芦苇场是天然的消浪器，使波浪由大化小，由小化无。潮水携带的泥沙在芦苇场中迅速沉积下来，使海岸避免冲刷，得到加固。芦苇海岸前沿都有丰富的泥沙沉积，形成广阔的粉沙淤泥滩。

随着滩面的升高，海水不断后退，可生成大片新生的肥沃土地。

冰雪海岸

地球的南极洲和北冰洋的海岸是最为奇特的海岸。在那里，几乎看不到泥沙和岩石，只有晶莹、洁白、纯净的冰雪。北极地区通常是指北极圈（66°33′N）以北的区域，包括北美及欧洲大陆以北的地区、格陵兰岛和冰岛等岛屿以

及北冰洋的大部分水域。北极地区是一个以海洋为主的地区，海域面积达 1300
万平方千米，陆地面积仅有 800 万平方千米。海洋面积占北极地区总面积的
61%，北极陆地面积仅占 39%。

贝壳堤古海岸

天津贝壳堤古海岸的研究已经有 30 多年历史。这里是地质、海洋、石油、
地理、考古等部门、院校、科研单位研究海岸演变的重要场所，至今国内外围
绕此海岸已发表十多篇研究论文。1991 年 8 月，北京第十三届国际第四纪联合
会会议期间，8 个国家的专家考察了保护区内的贝壳堤和牡蛎滩，曾给予高度
评价。

贝壳堤是由生活在潮间带的贝类死亡后的硬壳经波浪搬运，在高潮线附近
堆积形成的。黄骅 1 号贝壳堤形成的时代为距今 5340~6150 年前。从开始形成
到停止发育，前后经历了 810 年。在这 810 年中，该堤就是当时的海岸线。这
一时期，没有大的河流在此入海，海水透明度高，适宜贝类生活。大量贝类死
亡后遗留下来的贝壳，在波浪作用下被堆积在高潮线附近，形成 1 号贝壳堤。

这里常年栖息和出没的鸟类有天鹅、白鹳、鹈鹕、大雁、白鹭、苍鹰、浮
鸥、银鸥、燕鸥、苇莺、椋鸟等。

探索海水奥秘

地球总水量约为 13.6 亿立方千米。虽然有这么多水存在，但它在地球上的
分布是极不均匀的：其中 97.3% 的水分布在海洋中；冰川、冰帽的水量仅占地

球总水量的2.14%；其余的0.56%则分布于土壤、地下、湖泊、江河、大气和生物体内。而江河湖泊的水量就更少了，仅占世界总水量的十万分之一。

海水的颜色

我们一般看到的海水是蓝绿色的，这同天空为何是蓝色的道理一样：当太阳光照到海面上时，阳光中的红色、橙色和黄色光很快被海洋水吸收，而蓝色和绿色光由于能射入水中较深，因此它们被海水分子散射的机会也最大。所以海水的颜色是由海洋表面的海水反射太阳光和来自海洋内部的海水分子散射太阳光的颜色决定的，它看上去多呈蓝色或绿色。

海水的味道

海洋形成后的很长一段时期内，海水是没有咸味的。而今天的海水之所以苦涩，是因为在数亿年的发展演变中，陆地岩石中的盐和可溶物质，不断被雨水溶解，并随雨水流入海洋之中而形成的；而海底火山的喷发，又为海水提供了大量的氧化物和碳酸盐等物质。在这双重力量的作用下，经过数亿年的海水溶解和海流搬运，整个海水就由淡而无味逐渐变为咸涩味苦了。

海水中的盐

由于海水中含盐量很高，所以海水尝起来是咸涩的。

据测定，海水中的含盐量大约是3.5%。这里所说的盐，不是我们日常生

活中所食用的盐，而是化学概念上的盐，它包括我们日常所吃的食盐成分氯化钠，又包含硫酸钙、氯化钾、硫酸镁、氯化镁等物质。由于海水的体积是非常庞大的，所以它的含盐量也是巨大的，大约为 5 亿亿吨，其中氯化钠，也就是食盐，约占 80%。

大气圈中的水循环

大气圈中水的循环在水的大循环中占有非常重要的地位。水从海洋中蒸发为气体，以气团形式被带到天空，它构成了大气中水分的主要来源。条件成熟时，大气中的水汽又形成雨、雪（冰雹）降落下来，然后又以河流、湖泊等地表水或地下水的方式，返回到海洋之中。人们发现，在非洲撒哈拉沙漠下，有一个"化石"水层，它从最后一次冰期起就一直积储在那里。这古老的化石水层在千万年的时光推移中，一直在向海洋方向缓慢地移动。

海水的深度与压力

海水压力指的是海水中某一点的压力，即这一点单位面积上水柱的重量。那么海水的压力与海水的深度有什么关系呢？通过物理学上的计算可以得知，海水深度每增加 10 米，压力便会增加约 1 个大气压；以此推算下去，在 1000 米水深处，其压力约为 100 个大气压。在这么大压力的作用下，能将普通的木块压缩到它原来体积的一半。

海水最初来源

　　有人认为，海水是从大气中降落下来的，从江河中流进去的。那么，大气和江河中的水，又是从哪里来的呢？归根结底还是从海洋里来的。据测算，每年从海洋上蒸发到空中的水量达到 447 980 立方千米，这些水的大部分（约 411 600 立方千米）在海洋上空凝结成雨，重新回落到海里；另一部分降到陆地上，以后又从地面或地下流回海洋。如此循环不已，所以海里的水总是那么多，永远不会干涸，更不见少。

　　那么，这么多的海水最初是从哪里来的呢？

　　普遍的看法认为，地球上的水是在它形成时，从那些宇宙物质中分离出来的；而在地球形成以后，从地球内部不断地析出水分聚集在地表。地表上水集中的地方就是江河湖海。这种看法由今天的火山活动就可以得到证实。

　　从地下分离出来的水量现在也还很大，一次火山爆发喷出的水蒸气就可以达到几百万千克。不难想象，在漫长的地球历史发展过程中，这样产生的水是难以计数的。而地球的引力之大，足以把地表上的水，包括海洋里的水吸引住，不让它逃逸到太空中去。

　　另外，地球表面温度的适宜，也是保持海水的重要条件。人类已经发现，在金星表面由于温度太高，水都化成了蒸气；在水星上，由于温度太低，水都被冻结起来了，那儿的凹地里都没有水。唯有在地球上，气候虽也有冷暖变化，并且也影响到海水的多少，但基本上能保持海水储量长时期无大变化。

海水的组成元素

海洋水是含有一定数量的无机质和有机质的溶液，主要溶解有氮、氧和二氧化碳等气体物质，以氯化物为主的各种盐类，以及其他许多种化学元素。

在为数众多的溶解于海洋水的元素中，氯化物和硫酸盐含量约占盐类总含量的99%，其中氯化钠、氯化镁等氯化物则占4/5以上。氯化钠（食盐）味道发咸，氯化镁和硫酸镁味道发苦，所以海洋水不仅有咸味，也有苦味。

全世界的海洋水里到底含有多少盐类呢？如果把它们全部提取出来，那是非常惊人的。

据科学家计算，全球海洋水中盐类总含量约5亿亿吨，体积有2200万立方米。这个数字有多大呢？打个比方，如果把海水全部蒸发掉，整个大洋底部将平均有60米厚的盐层，如果把这么多盐类均匀地铺在地球表面，则有45米厚；如果把它们全部倒入北冰洋，不仅可以将北冰洋填平，而且会在洋面上堆起500米高的盐层；如果把它们堆积到印度半岛上，盐层的高度甚至可以把世界第一高峰——珠穆朗玛峰完全埋没。

微量元素在海水内的含量微乎其微，但由于海洋水总储量非常庞大，所以这些元素也十分可观。例如，1000吨海洋水中含铀仅有3克，但在整个海洋中铀的总储量高达40多亿吨，比陆地上已知铀的总储量大20 003 000倍，大约相当于燃烧8000万亿吨优质煤所释放的能量。1000吨海洋水中含金0.0004克，整个海洋就有500多万吨；在1000吨海洋水中含碘60克，整个海洋就多达930亿吨。

海色和水色

海色和水色，听起来是一致的，其实是两个不同的概念。

海色，是人们看到的大面积的海面颜色。经常接触大海的人，会有这样的感受，海色会因天气的变化而变化。当阳光普照、晴空万里的时候，海面颜色会蓝得光亮耀眼；当旭日东升、朝霞辉映之下，或者夕阳西下、光辉反照之际，可以把大海染得金光闪闪；而当阴云密布、风暴逞凶的时候，海面又显得阴沉晦涩，一片暗蓝。当然，这种受天气状况影响而造成的视觉印象只是一种表象，它并不能反映海洋水颜色的真正面貌。

水色，是指海洋水体本身所显示的颜色。它是海洋水对太阳辐射能的选择、吸收和散射现象综合作用的结果，与天气状况没有什么直接的关系。平时，我们看到的灿烂阳光，是由红、橙、黄、绿、青、蓝、紫七种颜色的光合成的。这些不同颜色的光线，波长是不相同的。而海水对不同波长的光线，无论是吸收还是散射，都有明显的选择性。在吸收方面，进入海水中的红、黄、橙等长波光线，在3040米的深处，几乎全部被海水吸收，而波长较短的绿、蓝、青等光线，尤其是蓝色光线，则不容易被吸收，且大部分被反射出海面；在散射方面，整个入射光的光谱中，蓝色光是被水分子散射得最多的一种颜色。所以，看起来，大洋的海水就是一片蓝色了。

海洋水的透明度与水色，取决于海水本身的光学性质，它们与太阳光线有一定的关系。一般，太阳光线越强，海水透明度越大，水色就越高（科学家按海水颜色的不同，将水色划分为不同等级，以确定水色的高低），光线透入海水中的深度也就越深。反过来，太阳光线越弱，海水透明度就越小，水色就越低，

27

透入光线也就越浅。所以，随着透明度的逐渐降低，海洋的颜色一般由绿色、青绿色转为青蓝、蓝、深蓝色。

此外，海洋水中悬浮物的性质和状况，对海水的透明度和水色也有很大的影响。大洋部分，水域辽阔，悬浮物较少，且颗粒比较细小，透明度较大，水色也多呈蓝色。比如，位于大西洋中央的马尾藻海域，受大陆江河影响小，海水盐度高，加上海水运动不强烈，悬浮物质下沉快，生物繁殖较慢，透明度高达66.5米，是世界海洋中透明度最高的海域。大洋边缘的浅海海域，由于大陆泥沙混浊，悬浮物较多，且颗粒又较大，透明度较低，水色则呈绿色、黄绿色或黄色。例如，我国沿海的胶州湾海水透明度为3米，而渤海黄河口附近海域仅有1~2米。

从地理分布上看，大洋中的水色和透明度随纬度的不同也有不同。热带、亚热带海区，水层稳定，水色较高，多为蓝色；温带和寒带海区，水色较低，海水并不显得那样蓝。当然，海水所含盐分或其他因素，也能影响水色的高低。海水中所含的盐分少，水色多为淡青；盐分多，就会显得碧蓝了。

红、黄、黑、白四大海

影响海洋水颜色的两个主要因素是透明度与水色。除此之外，别的因素也能决定某一海区的海水颜色，著名的红、黄、黑、白四大海就是如此。

红海是印度洋的一个内陆海。它像印度洋的一条巨大的臂膀一样深深地插入非洲东北部和阿拉伯半岛之间，成为亚洲和非洲的天然分界线。

红海的海水颜色很怪，通常是蓝绿色的，但有时候会变为红褐色。这是为什么呢？

原来，在红海表层海水中繁殖着一种海藻，叫做蓝绿藻。这种浮游生物死亡以后，尸体就由蓝绿色变成红褐色。大量的死亡藻漂浮在海面上，久而久之，就像给海面披上了一件红色外衣，把海面打扮得红艳艳的。同时，红海东西两侧狭窄的浅海中，有不少红色的珊瑚礁，两岸的山岩也是赭红色的，它们的衬托和辉映，使海水越发呈现出红褐的颜色，加上附近沙漠广布，热风习习，红色的沙砾经常弥漫天空，掉入海水中，把红海"染"得更红了。

红褐色的海水，使它赢得了"红海"的美称。

黄海，位于中国大陆和朝鲜半岛之间，北起鸭绿江口，南到长江口北岸的启东角至朝鲜济州岛西南角。

黄海的海水透明度较低，水色呈浅黄色。由于黄海海水很浅，海水不能完全吸收红光、橙光和黄光，一部分被反射和散射出来。它们混合后，原本应使海水呈黄绿色。可是，因为历史上有很长一段时期，黄河曾从江苏北部携带大量泥沙流入大海。以后，虽然黄河改道流入渤海，但长江、淮河等大小河流也带来大量泥沙，海水含沙量大，加上水层浅，盐分低，泥沙不易沉淀，把海水"染"成黄色。"黄海"也就因此而得名了。

黑海，位于欧洲东南部的巴尔干半岛和西亚的小亚细亚半岛之间，是一个典型的深入内陆的内海。黑海的北部经狭窄的刻赤海峡与亚速海相连，西南部通过土耳其海峡与地中海相通。

黑海的含盐度比地中海低，但是水位却比地中海高，所以黑海表层的比较淡的海水通过土耳其海峡流向地中海，而地中海的又咸又重的海水从海峡底部流向黑海。黑海南部的水很深，下层不断接受来自地中海的深层海水，这些海水含盐多，重量大，和表层的海水上下很少对流交换，所以深层海水中缺乏氧气，好像一潭死水，并含有大量的硫化氢。由于硫化氢有毒性，使海洋中的贝类和鱼类无法在深海生存。上层海水中生物分泌的秽物和死亡后的动植物尸体，沉到深处腐烂，并使海水变成了青褐色。乘船在黑海海面上航行，从甲板向下看去，就会发现海水的颜色很深，"黑海"这个称呼也就因此而来。也有人说，因为冬天黑海有强大的风暴，两岸高耸暗黑的峭壁，加上风暴来临时的天色，

人们才叫它黑海。黑海的水其实并不黑，它的黑色只是海底淤泥衬托的结果。在正常的天气里，黑海是色黑而水清。

白海，位于北极圈附近，是北冰洋的边缘海。

白海看上去是一片洁白。然而，它的海水与其他海水没什么两样，也是无色透明的，并不是白色的，只是白海地处高纬地区，气候寒冷，一年的结冰期长达 6 个月。由于皑皑冰雪覆盖，白色冰山的漂浮，很少见到海面上常见的那种汹涌澎湃的波涛，使漫长的冬季形成一片白色的冰雪世界。举目望去，只见海面上白雪覆盖，无边无际，光耀夺目。因此，白海也就成了名副其实的"白色的海"了。

海浪与潮汐

海水总是处于无休无止的运动之中：到过海边的人都会看到，海水总是在摇动激荡着。从表面看，大海的运动仿佛是混乱无序的，但实际上，它是很有规律的。海水的主要运动方式分为周期性的振动和非周期性的移动两种。周期性振动形成了海水的波动，也就是我们所看到的海浪和潮汐；而非周期性移动则形成了海水的流动，它们是我们肉眼很难察觉到的洋流。

潮　　汐

人们通过观察发现：海水涨落很有规律，一般为每天两次，即白天一次，晚上一次。为了便于区分它们，人们把白天海水的涨落叫做潮，晚上海水的涨落叫做汐。每天潮与汐所间隔的时间总是不变的，每日两次涨落期，需要 24 小时 50 分钟。由于一天是 24 小时，所以潮汐的作息时间每天要推迟 50 分钟，这更接近于月亮的作息时间。

潮汐的形成

潮汐形成的动力来自两个方面：一是太阳和月球对地球表面海水的吸引力，我们称其为引潮力；二是地球自转产生的离心力。由于太阳离地球太远，所以常见潮汐的引潮力主要来自于月球。我们知道，月球不停地绕地球旋转，当地球某处海面距月球越近时，月球对它产生的吸引力就越大。在月球绕地球旋转时，它们之间构成一个旋转系统，有一个公共旋转重心。这个重心的位置并不是一成不变的，它随着月球的运转和地球的自转，在地球内部不断改换，但却始终偏向月球这一边。地球表面某处的海水距离这个重心越远时，由于地球的转动，此处海水所产生的离心力就会越大。由此我们可以看出：面向月球的海水所受月球引力最大；反之则受离心力最大。在一天之内，一昼夜之间，地球上大部分的海面一次面向月球，一次背向月球，所以会在一天内出现两次海水的涨落。

潮汐是永恒的能源

在海水所有运动变化形式之中，潮汐是最为常见、最重要的一种。

而它在运动时所产生的能量，是人类最早利用的海洋动力资源。在唐朝时，中国的沿海地区就出现了利用潮汐来推磨的小作坊。到11～12世纪，法、英等国也出现了潮汐磨坊。到了20世纪，人们开始懂得利用海水上涨下落的潮差能来发电。现在，世界上第一个潮汐发电厂位于法国英吉利海峡的朗斯河河口，一年供电量可达5.44亿千瓦时。据估计，全世界的海洋潮汐能有20多亿千瓦，

每年可发电 12400 万亿千瓦时。因此有些专家断言，潮汐将成为人类未来清洁能源的主力军。

海　浪

海洋渔业、海上运输及海岸工程等都受海浪的影响，所以人们特别注意对海浪规律的研究工作，以便于更好地利用它。那么，海浪又是怎样形成的呢？阵风吹过海面时，会对局部海区产生作用力，使得海面变形，形成了海浪。如果海风持续不断，那么在连续风力的作用下，海面上会出现多个浪波传递的情形，最后就形成了波浪。

海　风

风刮过海面时，一方面会对海面产生压力，另一方面通过摩擦把能量传递给了海水。海面接收到来自风的动能，开始产生运动，形成了微波。微波出现后，原来平静的海面发生了起伏，这使海面变得粗糙，加大了海面的摩擦性，为风继续推动海水运动提供了有利条件。于是，在风力的相助下，波浪逐渐成长壮大。所以"风大浪也大"的说法是有其道理的。但是，有时风大时浪却不一定也大，这是因为波浪的大小同时还取决于风影响海域的大小。在生活中，通过细心观察你可以看到：无论遇到多大的风，小水池里也起不了惊涛骇浪；同样，即使在广阔的海上，短暂的大风，也不会形成大浪。所以，波浪的大小不仅与风力的大小有关，还与风速、风区海域的大小有关。

波浪的能量

　　波浪发生时所产生的巨大动能令人吃惊：一个巨浪就可以把 13 吨重的岩石抛出 20 米高；一个波高 5 米，波长 100 米的海浪，在 1 米长的波峰上竟具有 3120 千瓦的能量。由此可以想象整个海洋的波浪加起来会有多么惊人的能量。人们通过计算得出：全球海洋的波浪能可产生 700 亿千瓦的电量，可供开发利用的为 20 亿~30 亿千瓦，如果把它们转化为电能，则每年的发电量可达 90 万亿千瓦时。目前，大型的波浪发电装置还在研究实验阶段，但小型的波浪发电装置已经投入实际应用。比如，人们利用波浪发电装置为航标灯提供电源，以替代电池。

　　风暴潮是一种灾害性的天气，主要是由气象因素引起的，所以又被称作气象海啸。当海上形成台风，出现局部海面水位陡然增高，这又恰好与潮汐的大潮叠加在一起时，就会形成超高水位的大浪。如果此时再遇上特殊地形、气压等因素，那么冲向海岸的海浪就可能给沿岸带来灾难。

海　啸

　　海啸往往伴随海底地震或海底火山爆发一同出现，为海水产生的一种巨大的波浪运动。海啸会使海水水位突然上升，形成巨大的波浪，水波以极快的速度从震源传播出去。
当这巨浪冲上海岸时，就会泛滥成灾，给人民的生命财产造成极大的威胁。又由于海啸往往出现得非常突然，情景十分可怕，因此所造成的灾害也异常巨大。

翻滚的海浪

　　每个人大概都见过这样的现象：一张纸或船在水中漂浮时，它们是随着波浪上下起伏的，波形在水表面水平运动，而纸张或船虽仍然上下起伏但并没有做水平方向的运动。它一会儿被举到波浪尖上，一会儿又落入两个波浪的凹处。海浪的形状几乎是差不多的，一凹一凸起伏不断，凹下的低处就是波谷，那凸起的波浪尖称为波峰，波峰和其相邻波谷之间的距离即波浪的高度称波高。两个波峰间的距离就是波浪的长度——波长，波形的传播速度叫波速，即波速=波长/周期。两个相邻的波峰先后出现的时间间隔就是波浪的周期。

　　那么，波浪是如何形成的呢？

　　民间流传着"无风不起浪，有风高三丈"的俗话，道出了风浪产生的条件和原因。

　　风吹在海面上，借助与海面的摩擦作用，把能量传递给海水，从而形成层层波浪。风力越强，风吹的时间越久，波浪获取的能量就越多，浪越大；风吹的范围越大，水面上的浪区越大。海水是由无数的水质点集合起来的。在静止状态时，每个水质点都在自己的平衡位置上，而在风的作用下，水质点不断获得能量，使得波高、波长增长，使水质点失去平衡。而它们又迫不及待地要回到原来的位置上，但不可能立即回去，这样就造成它们各自绕着自己的平衡位置打转。当波浪不再接受风的能量，外力消失，那么水质点就会回到平衡位置，静止下来。

　　在海洋里，水面船只往往颠簸动荡，而在海洋深处的潜水艇却平安无事，这是怎么回事呢？原来，越向深处水质点受到风的影响越小。波浪随着深度的增加越来越小，直到停止为止。一个波高为 10 米，波长为 200 米的波浪，在 200 米的深处，它的振幅减小到 10 毫米，也就是说海面上的这样大的巨浪，到 200 米的深处只不过引起两厘米的波动而已。不仅水质点的振幅变小，它们的速度也减慢了。所以尽管海面上巨浪滔天，在不太深的海里却胜似闲庭，风平浪静，潜水艇稳如泰山。

我们讲到的海浪包括风浪、涌浪及近岸波。上面我们介绍的就是风浪，那么当风浪离开风区时是不是就静止下来呢？航海家在海上常会遇到这样的情况：明明是风和日丽，海面上却巨浪如山。原来海面并不随着风的转向（或停止）而立即安静下来，却持续波动一个相应长的时期，它们向邻近的海域传播出去。但是这时的波动和在风咆哮时却大不相同，波面上比较平缓，波峰要圆滑得多，波长也显然长得多，以周期和波高都相同的列波开始运动，特别是当它们向邻近的海域传播出去的时候，波长变得越来越长，传播速度越来越快，波高也越来越低矮了，这种由风区传入无风区的海浪，以及风停止或转向之后，脱离风的作用而继续朝着原有的方向传播的波浪就是涌浪。

当风浪或涌浪从大洋传到近岸浅海地区时，受到海岸地形的约束，只好改变自己的方向。当我们站在海边眺望层层波浪时，总看到它们排着几乎和海岸平行的长队向岸边涌来。这是因为波浪在深水处传播的速度比在浅水里快，水越浅，它们的下部受到海底的摩擦力越大，行动就慢了。当波峰线的一端先进入较浅的地方时，行动就迟缓了些，同时，在较深的那一端行动仍较快，一快一慢，两者在等深线附近速度趋于相近，而近岸的等深线又大都和海岸平行，所以人们就会看到一排排大致与海岸平行的波浪滚向岸边，退潮时也会在海滩上留下和海岸平行的沙纹。

波浪来到岸边会发生各种不同的情况。如果是陡峭的岩岸，它们就扑上去

冲击；如果是斜斜的沙砾或泥质的海岸，它们在坡度较大时形成卷波，坡度小时就形成崩波。不管是什么波，由于长年累月地冲上来，滚下去，都会使海岸或被冲击、侵蚀，或被堆积。你看那些七零八落的巨大的石块就是岸边的花岗石长期被波浪冲击的结果；那海边光滑的砾石，又是岩山的化身；粉状的沙子，又是砾石的未来呢！海岸在波浪的作用下昼夜不停地被破坏着，又被塑造着。

当前进的波浪碰到陡峭的岩岸或长长的海堤或其他建筑时，除了向前冲击外，还被反射回来。反射回来的波就重叠在前进的波浪上，使波形只在原地上下波动，既不前进也不后退。人们为了把它与前进波区别开，称它为"驻波"。驻波振动最大的地方叫"波腹"，不振动的地方叫"波节"。波腹处垂直流速最大，波节处水平流速最大。发生驻波的地方海面会升高，更由于波节处的水平流速大，所以冲刷力量强，因此在海港建筑施工设计中就要特别考虑驻波的影响，采取加强基础等措施。

波浪中蕴藏着巨大的能量。一个拍岸浪对海岸的压力每平方米可达 50 吨。在风暴中，巨浪曾把一个 1370 吨重的水泥块推移了 10 米。1894 年 12 月的一天，美国西部太平洋沿岸的哥伦比亚河入海口，发生了一件奇怪的事。

那里有一座高高的灯塔，旁边还有一座小屋，灯塔看守人就住在里面。

一天，看守人忽然听见屋顶上响声如雷，他吃惊地回过头，还没来得及闹清是怎么回事时，只见一个黑色的怪物带着噼里啪啦的声响，穿透天花板坠落地面。

看守人吓坏了，他战战兢兢地走到那黑色怪物的面前，简直不敢相信，这竟然是一块大石头！搬搬挺重，称称则足有 64 千克。经过专家鉴定，断定这块石头是被海浪卷到 40 米高的天空，再砸到看守人的房顶上的。

海浪的力量如此巨大，它能把 50 多千克的石块抛到比 10 层楼还要高的上空，说起来还真有点让人难以置信。

喧嚣不息的海上波浪，确实具有千钧之力。根据观测，海浪拍岸时的冲击力每平方米会达到 30 吨，大的甚至达到 60 吨，具有这样冲击力的巨大海浪，可以把 1 吨重的巨石抛到 20 米高的空中。

有人计算过，一个波高 2 米，周期 5 秒的海浪在 1 千米宽的海面上至少可以生产 2000 瓦的电力；一个波高 3 米，周期 7 秒的波浪，在 10 千米长的海面，可提供的电力达 30 000 千瓦，相当于新安江水电站的发电量。而它却可任你利用，决不会枯竭。

海浪对海上航行、海洋渔业和海战都有直接的影响。巨大的海浪迫使航海停止、渔船归港、水上的飞机进入机库，水上作业无法进行。在大风前后，海洋里的鱼类往往密集成群。捕鱼时，掌握"抢风头，赶风尾"常能取得可喜的渔获量。在海军布设水雷时，也要了解海浪状况，否则，巨大的海浪往往会拉断雷索或破坏水雷。因此长期积累大量海浪的资料并进行计算分析，从而预报某些海区的风浪、涌浪，就成为海洋科学研究中的重要课题了。

我们知道不只是风或气压剧变能引起海面异常升降，使海水做巨大的运动。海底或海岸附近的地震、海底火山爆发，都可以使得海水奔腾起来，这种规模巨大的海水运动，人们称之为"海啸"。

1960 年 5 月 22 日，智利中南部发生地震，所产生的波浪，在智利沿海平均波高为 10 米，最高达 25 米。当时，日本接到了地震的预报，但是，他们认为地震发生在南半球的智利，日本离智利 17 000 千米远，不会有什么灾害，没有采取必要的措施。没想到过了 21 个小时，正当人们休息之时，排山般的海浪猛扑过来，仅在日本东海岸岩平县的野田湾一处，就有 100 多人毙命，5000 余间房子被冲走或损毁。

海啸给沿岸的居民带来了难以估量的灾难。在过去被认为是"天灾"，是无法抗拒的。今天已经可以通过人造卫星对海啸和其他灾害性天气进行监测。可以根据天气预报采取更为有效的防御措施，把它们带来的灾害减少到最低的限度。

海　流

当大洋中的海水有规则地运动时，就形成了海流。有人把海流比作海洋中的河流。虽然同是水的流动，但与陆地上的江河细流比较，陆上江河以陆地为两岸，而海流的两岸仍是海水，所以用肉眼是看不出海流的。海流是历代航海家在对海洋的不断探索中发现的，近代海洋学家根据前人的资料，绘制出了比较精确的大洋环流图。

海流的形成

因为大洋中的海流多受大气洋流影响而产生，所以海风就成为大洋表层海流形成的主要原因。我们知道，赤道和低纬度地区的气温高，空气受热膨胀上升，形成低气压。低气压使两极寒冷而凝重的空气受热膨胀，形成冷风，从两极贴着地球表面吹向赤道，而热风从赤道升入高空向两极流动，这样就形成一个连续不断的流动气环。这种空气的不断流动，就是我们最常见的风。由于受地球自转等因素的影响，原本正南、正北的风向发生了偏移，在地球表面形成了风带。在广阔的大洋海面上，风吹水动，某处的海水被风吹走了，邻近的海水马上补充过来，连续不断，形成海水流动。这种由风直接影响产生的定向海水流动叫做风海流。

一般来说，我们生活的北半球，赤道附近海域热辐射较强，一年四季形成强劲的东北信风；而在高纬度地区，则终年劲吹西风。在这两股强劲信风的共同作用下，大洋海水向西流动，形成北赤道流。它横跨太平洋，全长1.4万千米以上。在大气环流作用下的大洋环流，又有暖流和寒流之分。暖流的海水温度比周围海水略高，寒流反之。在暖流中，有两支特别强大的海流，它们分别是太平洋里的黑潮和大西洋里的墨西哥暖流，又称大西洋湾流。

海流犹如人身体里的血液，大洋环流就像人体内的"大动脉"，而浅海水域中的海流，则像人体里的"毛细血管"。大大小小的海流，循环不绝，把海水从这一海域，带到另一海域；把底层的海水，提升到表层。

不同形式的海水流动，维持着海洋的能量与生态平衡，而大气、海洋间的能量交换，则调节着全球的气候变化。

南极环流

南半球盛行的西风带促成了南极环流的形成。在强劲西风的作用下，产生了强大的风海流。由于这股海流环绕着南极大陆，在南纬35°~65°的海域流动，所以被称为南极环流。南极环流对太平洋、大西洋和印度洋的深层水混合起着重要作用，它又把这三大洋的水连成一体，堪称世界海洋中的最强海流之一。同时，它对世界气候也产生了非常重大的影响。

升 降 流

上升流往往发生在近岸海域，由于风海流运动时使表层海水离开海岸，这引起近海岸的下层海水上升，形成了上升流；而远离海岸处的海水则下降，形成了下降流。上升流和下降流合在一起被称为升降流，它和水平海流一起构成了海洋总环流。上升流在上升的过程中，把深水区的大量营养物质带到了表层，这为浮游生物提供了丰富的养料，而浮游生物又为鱼类提供了饵料。因此，许多著名的渔场多分布在上升流很显著的海域——秘鲁渔场的形成就与该海域的上升流密不可分。

地中海升降流

地中海处于欧洲、亚洲、非洲三块大陆包围之中，人们发现：大西洋海水成年累月注入地中海中，却不见流出，也不见海水增加，这着实令人费解。后

来，科学家发现了地中海密度流，才知道地中海与大西洋之间的海水相互交换的方式。原来，温度较高、密度较小的大西洋海水从表层进入地中海；而温度较低、密度较大的地中海海水则从海洋底层流向大西洋。这一进一出，使地中海水量保持了平衡。直布罗陀海峡是大西洋与地中海相通的狭窄通道，当滔滔的大西洋海水急速流经海格利斯神柱附近时，由于地理环境特殊形成漩涡、急流，一不小心，小型船只便会因掉进"无底洞"而"粉身碎骨"。在探险家大胆冲出直布罗陀海峡之前，地中海沿岸国家的绝大多数航船不敢冒失地驶入地中海。

奔腾的海流

很久很久以前，美国旧金山市有一个童工，他在海滨浴场拾到一只瓶子，其中有张纸条写着："我的遗嘱：将我的遗产平分给拾到瓶子的走运人和我的保护人巴里·科辛。"这是哪里来的东西呢？经调查得知，写遗嘱的人是英国一个拥有12亿美元财产的资本家，瓶子从英国怎么会漂洋过海到达美国呢？

一百多年前，美国探险船"珍尼特号"探险北冰洋，刚出白令海峡就遭冰块挟持，漂流到东西伯利亚海上，最后被压碎。船员有的葬身海底，有的到了西伯利亚岸边。但奇怪的是，"珍尼特号"破碎的残物和船上的生活用品，却漂到几千里以外，出现在大西洋格陵兰岸边的冰块上，这又是怎么一回事呢？

大洋中新形成的岛屿，开始时无任何生命迹象，但是过了几年，岛上草木繁盛，并出现蛇、蜥蜴等动物，这些生物是从哪儿来的呢？天上掉下来的吗？

美国海洋学家富兰克林也碰到了一个难题：美国轮船横越大西洋，通常比英国轮船穿过大西洋快两个星期，这是什么道理呢？

　　原来海洋中有条条"大河"，它们比长江、黄河还要大。"珍尼特号"的残物是由一条自东向西的"河流"把它从太平洋带过北冰洋，到达大西洋北部的；岛上的生命是因为"河流"从遥远的地方带来了植物种子，动物幼卵，使它们在岛上生根、开花和繁殖后代。至于美国轮船航行快是因为船长利用了时速为4.8千米的"河流"的缘故。

　　这种河流跟陆上河流一样，沿着一条比较固定的路线流动着，长度有几千千米的，甚至上万千米的；宽度从几千米到几百千米，深度从几百米到上千米；流速一般是每小时几千米，快的达到八九千米，越深流速越慢。

　　人们不禁要问，这么大的河流怎么看不到呢？原来，陆上的河流有河岸做参照物，人们一眼就能看到了。但海洋"河流"的岸边仍是海水，所以用眼就不容易看到。这种河流处于海洋中，故把它叫做海流或洋流。

　　那么，海洋中的海流又是怎样形成的呢？它是风吹拂海面引起的。风对海面的摩擦力，以及风对海浪迎风面所施加的压力，迫使海水向前移动，从而形成了风海流。表面海水在风力作用下，沿着风的方向流动，紧靠着表面的下层海水也将一起流动。不过，由于地球自转偏向力和摩擦力的作用，流动方向会产生偏向。在北半球，表面的流向偏于风向右面45°。从表面往下，由于继续受到摩擦力和地转偏向力的作用，其流向与表面风向之间的偏夹角越来越大，到了某一深度，其流向终将与表面流向相反。海流的速度，则随着深度的加大而减小，在流向刚好与表面流相反的深度上，其速度只有表面流速的1/23左右。这一深度作为风海流的底边界，再向下就没有风海流了。一般说来，风海流所能涉及的深度是不大的，为200～300米，这个深度和大洋整个深度比起来，只能算是很薄的水层。

　　不过200米以内的浅海风海流，由于海岸、海底的摩擦作用，表面流向与风向的夹角很小，而且随深度的变化比较缓慢。海的深度愈浅，偏角愈小，在深度很小的海区内，风海流的方向几乎与风向一致。

　　既然风可以形成海流，那么地球上风的情况如何呢？

　　由于地球上各地气温高低不同，这样就形成了各种气压带。在赤道和低纬

度地区，气温高、空气受热膨胀上升，这样就形成了赤道低气压带；而两极地区的气温低，寒冷而稍重的空气下沉，形成了极地高气压带。同样，地球上还有副热带高气压带、副极地低气压带。它们之间相互流动构成了一个环，由于受地球自转偏向力的影响，形成了赤道无风带、信风带、西风带和极地东风带。

在赤道附近到大约南北纬5°之间的地区，太阳终年直射或近于直射，气温高，空气膨胀上升，地面出现了赤道低气压带。这里空气平流作用微弱，风力极小，形成赤道无风带。赤道空气膨胀上升了，其高空气压高于附近上空气压，于是向两边流动。由于地转偏向力的影响，到了南北纬30°附近，气流不再前进而发生大量堆积与下沉，形成了副热带高气压带。这里空气又分向南北两边流动，流向赤道低压带的气流在地球自转偏向力的影响下，北半球的北风向右偏转成东北信风，南半球的南风向左偏转成东南信风，两种信风所在地就形成信风带；流向副极地低气压带的气流，由于地球自转偏向力的影响，北半球与南半球的北风到了纬度40°~60°都偏转成西风，这个地区形成西风带。南北两极附近所得到的太阳辐射能特别少，那里的气温特别低，空气密度很大，因而形成了极地高气压带，从这里吹向副极地低气压带的风，受到地球自转偏向力的影响，都偏转成极地东风，形成极地东风带。

既然风有流向——定向风，自然要推着海水跑起来了——定向流。但是却不要忘记"地球自转偏向力"，海水一旦被风推动，开始流动，这个力就起作用了，它总是把海流扭转，在北半球偏到风向的右方，在南半球偏到风向的左方。北半球的东北信风和南半球的东南信风，把海水推动起来造成宽达几百千米的南北赤道暖流，在赤道无风带，夹在南北赤道暖流之间的是一条窄小的赤道逆流。

在菲律宾附近，北赤道暖流北上形成世界闻名的"黑潮"。这股势力强大的暖流，给亚洲东岸带来丰富的雨水、温暖的空气和肥美的鱼虾。由于地球自转偏向力的影响，"黑潮"到达日本群岛东南之后，在北纬40°~50°的水域进入西风带。西风迫使它向东流动，形成西风漂流或北太平洋海流。

当它碰到北美大陆时，分出一股"小部队"北上，而"主力部队"则顺势南下。由于已经在西风漂流阶段失去了热量，使它成为一股"寒流"——"加利福尼亚寒流"，补偿了北赤道暖流带走的海水，同时又与北赤道暖流衔接起来，这样，就构成了北太平洋顺时针方向的环流。

再说那支北上的"小部队"，向北绕到阿留申群岛，一直把温暖的海水送给北冰洋。这时，在北极极地东风的推动下，一个逆时针方向的海流在北冰洋里转动着，形成北太平洋寒流。碰上亚洲陆地后，沿堪察加半岛南下，成为亲潮或千岛寒流。亲潮南下不断地把冷海水从北冰洋带入太平洋。由于它的水温低，密度大，在与西风漂流相遇时，一部分潜入西风漂流之下，另一部分跟随西风漂流向东流，因而在高纬和极地附近，形成一个水温较低的冷水环流系统。

同样道理，在南太平洋里，有南赤道暖流、澳大利亚暖流、秘鲁寒流和西风漂流构成的反时针方向的温水环流系统。

风吹在海上推动着表层海水流动，但并不是那里的海水上下一齐以同样的速度流动。不难想象越向深处，风的作用就越小，风海流的流速随着深度的增加而减小，在摩擦力和地转偏向力的影响下，海流的流向和风向的夹角越往深处越大，在一定的深度就出现相反的流向。

风把一个地方的海水带走了，邻近的海水就要来补充，这种为了补偿流失而流来的大量海水，就是"补偿流"。补偿流可以是水平流动，也可能是深层海水的上升运动——上升流。

上升流来自100～300米的深度上，上升的速度非常缓慢。速度虽小，但其作用却不可低估。它源源不断地把营养盐输向表层，使得海水格外肥沃。

据调查，上升流地区的生产力比大洋的其他海区高得多。高生产力导致浮游生物大量繁殖，又为鱼类提供了丰富的饵料，所以上升流区也是重要的渔场。

例如秘鲁渔场，就是处在上升流区，因此，形成了世界第一大渔场，每年能捕到1100万吨鱼。

由于某一海区的增水，或者是下雨，或者是大量的河水注入，这里的水面就会增高些。"水往低处流"，就会产生"倾斜流"。气压的变化也会使得海面倾斜，气压高的海区，海面会低一些，这样气压低的海区里的海水就要向低处

流动了。

海洋里海水的密度各地不同，上下有别。密度大的海区里海水要比密度小的海区里海水低一点，海水就会从密度小的海区向密度大的海区里流动了。由于密度水平差异而产生的海流，称为"密度流"。

当海水涨潮时，会出现涨潮流，落潮时又会出现落潮流。它们来回方向相反，流速也不同，这叫"潮流"。它们在海流的家族里也占着一定重要位置。因为潮汐总是涨了又落，落了又涨，因而潮流具有周期性，特别是在浅海近岸处，潮流的影响就更明显。

这里我们特别要提一下，印度洋里海流的情况。印度洋北部面积小，不利于环流的发展。另外，印度洋是世界上季风最显著的地区，夏季盛行西南季风，海水运动趋势呈东西—东北方向，形成西南季风流。冬季盛行东北季风，在东北季风的作用下，海水向西和西南方向流动，称为东北季风流。

中国古代航海家在远航南亚、西亚和东非时总是选择在冬春出航，夏秋返航，就是为了利用北印度洋海流的这一规律性。南印度洋在南纬10°以南与大西洋、太平洋南部相似，形成了反时针方向的大洋环流系统。

总之，海流可以说有这样几种：风海流、补偿流、倾斜流、密度流、潮流，从它们的温度上可分为寒流和暖流。暖寒流交汇的水域可形成渔场，例如北大西洋的暖流和北冰洋南下的寒流交汇的海域，从北海、挪威海一直延伸到斯匹次卑尔根群岛的海流，形成了北大西洋渔场，即北海渔场。这里盛产鳕鱼、鲱鱼、鲑鱼和虹鳟鱼。

这里，湾流值得单独说一说，它是北大西洋西部最强大的暖流，势力强盛，每小时有高达8千米的速度，宽度为110～120千米，最大深度可达800米，所挟水量每分钟有40亿吨之多，千倍于密西西比河的流量，表层水温约27℃，温度向北递减。

湾流像条巨大的、永不停息的暖水管，以巨大的热量温暖着所流经地区的空气。西欧和北欧沿海地区，在它的温暖下成为暖湿的海洋性气候。据估计，湾流每年供给北欧 1 厘米长海岸线的热量，大约相当于 600 吨煤的热量。

这些热量使欧洲西北部的气候温和，在冬季最冷的月份，那里的平均气温也要比同纬度其他地区的平均气温高出 16～20℃。在欧洲北冰洋沿岸，即使是亚寒带地区的港湾也能保持终年不冻，苏联摩尔曼斯克一月平均气温在 11℃ 以上就是湾流的功劳。

海流的运动是相当复杂的，即使在同一海域里，也并不是只有一种海流存在，而是好几种海流同时存在。此外，又受沿海陆地和岛屿的阻隔、海底地形的起伏、气象变化等因素的影响，这样就构成了同一海域海流的多样性。

但是在一定的时间、空间里总有占主导地位的海流。为了了解它们的状况，就需要做详尽的观测，绘制出海流图来。

这里所说的海流图只是海洋表层的海流情况，那么在几千米的深处是否也存在海流？经过多次海洋调查，人们逐渐认识到，在表层流之下，也存在着多层次的海流。它们是由海水密度不同引起的。比如说南极水域、亚热带水域。由于这个海区的降水量大大地超过蒸发量，所以底层水有明显的低盐特征，虽然这里的盐度很低，但是温度也比较低，因而比表层水有更大的密度，所以它在表层水之下形成了中层流。大西洋挪威海海水下沉形成了深层流，南极威德尔海的海水下沉形成了底层流。

当然底层海流流动是很慢的，有人估计，南极底层水流到赤道就要花 1500 年，而大洋表层流循环一周只需一年时间。

暖流与寒流

在地图上，科学家用不同的颜色标示海流，这是因为海流有冷暖之分：冷的叫做寒流，因其海水温度低于所流过海区海水的温度而得名，它的流向特点是由地球两极附近的高纬度海区流出，流向低纬度海区；反之，暖的洋流称为暖流，它所"携带"的海水温度高于流过海区的海水，流向特点是由赤道附近的低纬度海区，流向高纬度海区。由于地理环境等因素的影响，海流不像河流那样稳定、长久，而是时常变化的。所以，不论是暖流，还是寒流，都是相对而言的。

它们对流经海区和附近的陆地气候会产生很大影响，从而直接影响人类的生产和生活。

黑潮暖流

黑潮位于北太平洋西部，它如一条巨河般强劲无比，由南向北，昼夜不停地滚滚流动着。由于黑潮是由北赤道流转化而成的，所以它具有较高的水温和盐度，即使是在冬季，它的表层水温也不低于20℃，所以被人们称为黑潮暖流。黑潮的流速为3～10千米/小时，流量约3000万立方米/秒，这比我国第一大河——长江的流量要高近千倍以上。

秘鲁寒流

秘鲁寒流是世界上行程最长的寒流。它从南纬45°开始，顺着南美大陆西海岸向北奔流，一直到达赤道附近的加拉帕戈斯群岛海域附近消失，全程约为4600千米。秘鲁寒流的流速并不大，一昼夜约6海里，水温在15～19℃，比流经海区的海水温度要低7～10℃。这股强大的寒流在智利附近海区的平均宽度约为100海里，流到秘鲁附近海区时其宽度达到250海里。秘鲁海域非常有利于浮游生物大量繁殖，为喜寒性鱼类提供了充足的饵料，因此在这里形成了世界上最著名的秘鲁大渔场。

墨西哥暖流

墨西哥暖流又称墨西哥湾流，是世界上最强劲的暖流，因其从大西洋湾流而上，途经墨西哥，故得此名。这股世界上最强劲的暖流，最大流速约每秒2.5米，表层年平均水温25～26℃，流宽100～150千米，深700～800米，这个流量是全球江河流量的120倍。如此巨大的暖流，对整个北半球气候所产生的影响是巨大的。

海洋上的风

台 风

在赤道附近的太平洋上空,存在着大量高温、高湿的不稳定气团,并且那里的空气对流发展极盛。这是因为靠近赤道附近的阳光辐射强烈,在气流上升过程中,水汽凝结为液体的水滴,从而释放出大量的热能,并在空中形成一个低压中心。由于空气是从高压区向低压区流动的,所以周围的空气不断流向低气压中心,这为台风提供了源源不断的能量,使台风得以维持和发展,加上受地球自转等因素的影响,形成一个近似圆形的漩涡。这种漩涡又称热带气旋,气旋越转越大,最后形成强劲的台风。

台风眼

当台风发展到一定程度时,其中心一般都有一个圆形或椭圆形的台风眼,直径可达几十千米。眼区中气流下沉,风速一般很小,有时甚至无风,也几乎没什么云存在。因此,台风眼所在区域里的天气晴好,白天能够看到太阳,晚上可以看见星星,被人们称为台风中心的"桃花源"。但是在台风眼之外的漩涡风雨区，却是天气最恶劣、狂风暴雨肆虐的区域。

全球台风的生成和海动区

台风的生成有其一定的规律性，它一般生成于水温超过26.5℃的热带海面上。但赤道附近海域除外，因为这里的地球转动偏向力为零或接近于零，不可能形成强烈的气流漩涡，因此没有台风生成的条件。全世界每年约发生80次台风，其中有35％发生在西北太平洋，那里是全球台风发生最频繁的地区。所以西北太平洋沿岸的中国、日本和菲律宾，是受台风影响最大的国家。

台风的破坏力

台风的破坏力是令人心悸的，有人估算过，一场台风的平均能量，差不多相当于上万颗原子弹爆炸时所释放的能量。但十分有趣的是，直径只有几千米到几十千米的台风中心，在移到某个地区时，有时竟会暴雨骤停，风平云散，上面出现蓝色晴空。在气象学上称这一区域为"台风眼"，它的四周被强烈的上升气流造成的厚厚"云墙"包围。所以在台风眼过后，这一地区会再度转入"云墙"控制区，狂风暴雨的恶劣天气会再次降临。

台风多发生在每年的夏秋季节。那时，我们常会在电视上收看到台风预报和台风警报，还会看到台风在我国东部和南部沿海登陆的情景。

台风登陆时风狂雨骤、电闪雷鸣，致使房屋倒塌、农田被淹、人员伤亡、交通受阻，给人们的生产和生活带来极大的不便。

飓 风

同台风一样，飓风也属于热带气旋，但它与台风所发生的地域不同。

人们习惯上一般把发生在西北太平洋地区的强烈热带气旋叫台风，而把发生在大西洋、东太平洋和加勒比海地区的强烈热带气旋叫飓风。"飓风"的含义为"风暴之神"，它来源于印第安古老的传说。

49

米奇飓风

米奇飓风发生在 1998 年，它席卷了中美洲，尤其是洪都拉斯和尼加拉瓜。这次飓风导致一万多人丧生，物质财产损失约数十亿美元。后来由于暴风雨减速、滞留，在这个地区上空盘旋了数小时，倾盆大雨从天而降，使这次暴风雨的影响大大加重。在强暴雨作用下，山洪暴发、农田尽毁，奔涌而来的泥沙、洪水埋葬了数以千计的房屋和人畜。

安德鲁飓风

1992 年 8 月，安德鲁飓风袭击了南佛罗里达，亦造成了数十亿美元的损失。幸运的是：由于及时警报和疏散，仅 43 人死亡。造成这么大损失的罪魁祸首不是降雨，而是猛烈的旋风和下沉气流。幸运的是：安德鲁飓风移动得非常快，可达 32 千米/小时；不幸的是：它聚集的风速在 200 千米/小时以上，并且产生了 2 ~ 5 米高的风暴潮，安德鲁飓风度卷了所到之处的一切。

海上龙卷风

与台风相似，龙卷风也属于气旋式风暴，但它的威力比台风还要大。人们常说的 12 级台风就够大的了，其风速为 30 多米/秒；龙卷风的风速每秒可超过百米，最大可达每秒 300 余米。由于龙卷风内部气压非常低，有巨大的吸力，因此它经过哪里，就

"吸"到哪里，破坏力极大。

虽然龙卷风破坏力很强，但它的影响范围却不如飓风和台风那样巨大。

季 节 风

季节风多发生在印度洋及其上空，它形成的主要原因是基于风的季节性倒转。在夏季到来的北半球，亚非大陆气温升高，陆地上正在上升的暖湿气流吸收了来自印度洋的气体，产生了向东部和北部流动的表面风和洋流，从而产生了顺时针的海洋环流。夹带湿气的风吹过温暖的海面移向陆地。接着，阵阵急雨，即人们所知的季节雨在亚洲和北非降落，为遭受炎热干旱困扰的庄稼带去了希望。在西南季风盛行期间，降雨并不连续，往往是短期内发生的强烈阵雨，雨后紧接着又是 20～30 天的干旱。

到了冬季，北半球的陆地比海洋冷得要快许多，因此季风体系逆转。

在相对温暖的海洋空气上升，吸收来自于陆地的空气，并且在海面上风和洋流逆转流向南部和西部，产生了逆时针的环流。这时，夹带湿气的风从南部通过赤道移向南非。这种风和洋流的逆转对非洲东部所造成的影响是巨大的。在夏季季风期间，急而窄的西部边界流（索马里流）沿着海岸向北，该地区海洋上升流为渔业带来天然的养料，促进了渔业的丰收。

然而，秋冬季节来临时，索马里流转变方向并且变弱，上升流也会停止运动。

死海的寿命只有 50 年了吗

在巴勒斯坦、以色列和约旦之间有一片美丽而又神奇的水域，湖水中含有很多的盐分，这片水域就是"死海"。

但现在死海将要成为真正死亡的海了，环保人士预言，死海只有 50 年的寿命了，这是真的吗？

约旦大学的地质学教授萨拉迈赫在经过多年研究后表示，现在死海水面的实际高度是海平面以下 412 米，虽然在许多地图上标明死海的水面高度是海平面以下 392 米，但那个数据是 20 世纪 60 年代作出的。这个数字说明，在过去 40 年里死海的水面正以每年 0.5 米的速度下降。按照这个速度下降下去，10 年以后，死海的面积将从 20 世纪 60 年代的大约 1000 平方千米减少到 650 平方千米。

为了能够让死海存活下去，人们已经发起了一项名为"让死海继续活下去"的活动，该活动的目的是使死海应有的水位得到早日恢复。环保主义者表示，是人类造成了死海水位的下降，因为死海主要的水源——约旦河中的河水

不再流入死海。相反，因为地区性缺水，为了满足工业、农业和家庭用水，约旦河河水的 70% 改道流向以色列和约旦。此外，许多动植物因死海南部生态平衡的破坏而死亡。

不管死海是否真的只有 50 年的寿命，有一点却是确定无疑的，即死海正

在萎缩，那么即使它的寿命不止50年，它也是面临着"死亡"的威胁，如果我们地球上的人类再不采取措施，相信它的寿命比50年也不会长太多。我们应该从现在努力，让我们所喜爱的死海继续"活"下去！

海啸产生的原因

人们都说"无风不起浪"，但为什么有时没有风的时候也会波涛汹涌，形成几十米高的巨浪呢？这种现象叫做"海啸"，海啸发生时会造成严重的破坏。那么，海啸是怎么产生的呢？

海底地壳的断裂是造成海啸的最主要原因。地壳断裂时有的地方下陷，有的地方抬升，震动剧烈，在这种震动中就会有波长特别长的巨大波浪产生，这种巨大的波浪传至港湾或岸边时，水位就会因此而暴涨，向陆地冲击，产生的破坏作用极其巨大。

有时海啸是由海底的火山喷发造成的。比如1883年，爪哇附近喀拉喀托岛上的火山喷发时，在海底裂开了一个深坑，深达300米，激起高达30米以上的海浪，巨浪把3万多人卷到海里。火山在水下喷发，海水还会因此沸腾，涌起水柱，难以计数的鱼类和海洋生物死亡，在海面上漂浮。

此外，有时海啸还是海底斜坡上的物质失去平衡而产生海底滑坡造成的。

也有些海啸是由风造成的。当强大的台风从海面通过时，岸边水位会因此而暴涨，波涛汹涌，甚至使海水泛滥成

灾，由此造成的损失是巨大的。这种现象被人们称为"风暴海啸"或者"气象海啸"。

但是，海啸也并不是所有的海底地震的必然后果，一般而言，海啸是否会出现，与沿岸的地貌形态也有很大的关系。

海底珊瑚的寿命还有多长

海水因为污染、破坏性捕鱼活动正在迅速变暖，世界各地的珊瑚礁已变成地球上受威胁最严重的生态系统之一。

据最新的统计资料显示，世界上 1/4 的珊瑚礁已经"死亡"。如果全球变暖现象持续下去，很可能在 30～50 年内地球上的珊瑚礁就会消失。

珊瑚虫是一种奇特的动物，或许正是这种奇特性成为它容易被毁灭的原因。珊瑚虫居住在自己分泌的石灰质骨骼聚集成的"岩石"里，其食物主要为单细胞的藻类。可能全球变暖就是藻类对珊瑚虫的"报复武器"：温暖的海水促进了藻类的新陈代谢，它们代谢产生了更多的氧气。珊瑚虫在 40℃ 的海水中会出现氧气中毒现象，然后它吐出藻类，留下白色的物质（这种现象叫做白化），

同时停止再生长。如果海水温度还是那么高，珊瑚虫最后会死去。1998 年发生厄尔尼诺现象使那年海水的变暖区域从非洲开始，穿过印度尼西亚、菲律宾海域一直延伸到太平洋，当时许多珊瑚出现了白化现象。据海洋生物学家推测，如果珊瑚不再被另一次热潮或者风

暴袭击，那么它们"白化"后，要想完全"复原"，起码要花上 20～50 年的时间。

另外，海洋中还有专门吞噬珊瑚的鱼类。隆头鱼尖利的前牙十分大，像鹦鹉的嘴一样集中在一起，它用尖利的牙齿咬碎珊瑚，另外一副牙齿用来磨碎珊瑚，将其磨成沙砾；它还吃珊瑚虫的肉和藻类，一条隆头鱼每年破坏的珊瑚达到 1 吨重。采取措施拯救珊瑚，这是当前的一个十分紧迫的任务。

人类将会被海洋吞噬吗

人类历来都以为海滨是人力所及的极限，也是大自然不可征服范围的起点。拉彻尔·卡逊在 1951 写《我们的海洋》时，也以为海洋是最好的庇护所，永远安全。这句话听来有理：海是那么辽阔，大洲简直像其间的岛屿；海又是那么深，连珠穆朗玛峰掉进去也会没顶。海水总量接近 3 亿 2 千万立方米，住着约 20 万种生物。这么庞大的自然环境，谁能破坏？何必要保护？

尽管海洋之大实占整个地球表面的 70%，但生产能力大部分局限于包括大陆架在内的那些由海岸伸入水中的狭窄浅水海底中。既然如此，海洋环境易受损害的道理便浅显得很了。这些浅水的沿岸水域不过是海洋的区区一小部分，但全球需要的咸水鱼有百分之 80% 由这里供应。此外，几近 7 成的食用鱼类与甲壳类，在生活史上都有一个重要的阶段是生活在港湾里，即海湾、受潮地、河口等地方。这些地方肥沃富饶，比大海高 20 倍，比麦田也高 7 倍。把这些区域的生物链打断，把海底无数的有机体毁掉，把大陆架的水域染污，大海上主要的渔场必遭毁灭。

目前，或因海水污染，或因滥捕滥杀，有时两者兼而有之，不少渔场已遭

毁坏。人类热衷填海拓地，沿海不少重要的受潮地变成了公路、工厂、桥梁或滨海住宅区。同时，其他港湾又天天都有亿万加仑的污水与工业废料注入，毒杀鱼类，毁坏蚝床蛤床，使海湾与受潮地不适宜生物生长。

重要的靠岸区域饱受摧残之际，外头的大洋也日受压力。比方说，1977年，约有 6 千 7 百万吨废物用船运出美国水域外，丢入大海里。废物计有垃圾、废油、疏浚挖出的泥石、工业酸类、苛性碱类、去污剂、泥浆、飞机零件、烂汽车、腐败食物等。探险家兼作家海伊达两度乘埃及纸莎草造的船横渡大西洋，途中见到塑胶瓶子、塑胶桶、油渍等垃圾，都被海流冲到大洋中心之处。清晨，船员看见污染情形，竟迟疑不愿洗濯。

美国佛罗里达州美安密海滩这个著名"阳光与海浪"的天然风景区中，离岸约 2 千米的海面，有个人工留下的痕迹，被人讥为"圆形球场"。那是碧波上一大块黄褐色冒着泡沫的污渍，非常难看。这片污渍是美安密海滩与附近 3 个社区的下水道流出未经处理的污物所造成。不过，截至目前，风与潮水合力把废物送回沙滩的情形还很少见。

佛罗里达州卫生局下令美安密海滩当局处理污水，已不止 10 年了，当局最近才考虑采取第一项步骤：把伸入海中的排污管延长（约 1.6 千米）。会有好处吗？美安执密大学的海洋生物学家达勃说，加长排污管的结果，只不过让盛行风把污物吹到别处海滩而已。

佛罗里达东南部日益繁荣，估计在 20 年内，就会出现人口达千万的大都会。但"圆形球场"是个凶兆，表示佛罗里达州经济所赖的海洋与沙滩，虽然一向被认为是无尽的资源，将来必会引起很多问题。

渔人、潜水人以及其他与海洋结下不解之缘的人说，美国沿海和世界各地都有相似的情况。例如：

纽约市的沟渠污物与泥浆，都丢在离岸不到 8 千米的大西洋中。附近捕获的鱼，肚子里会发现有香烟滤嘴、绷带或口香糖。同时，新泽西州北部有些邻近纽约港口航道的海滩，现在满地都是塑胶瓶子、焦油，以至兽尸等物。

奥斯陆峡湾与挪威沿岸许多大港口，由于污物大量注入，一片广大的水域已没有海洋生物了。

海水污染的情况，有 1/3 是海洋工业故意排出废料、采用某些清洁方法，以及意外漏油所造成。1964 年以来，超过 198 艘油轮在海上遇难毁损，共有 1054 人丧生，5 亿多加仑原油漏入大海染污海水。最严重的一宗发生于 1978 年，"美油加地斯号"油轮在法国布列丹尼海岸外遇难破毁，漏出原油共 6 千 6 百万加仑。

1965 年，日本水俣湾区有 5 人死于水银中毒，另有 30 人患病。中毒原因是海鱼吸收了工业污物。早在 1953 年，海洋就发出过警告，那年该地已有人患上这种病。病者逾百，死者 43 名之多。

面积较小的海，情形更坏。波罗的海深处，足以致命的硫化氢含量日增。据专家说，这种物品如果大量扩散，波罗的海就要成为海洋沙漠。地中海沿岸有名的海滩中，已有数十个因污秽而封闭了。仅意大利里维耶拉的某一段，沿着海滩就有 67 条明渠排出污水，使海滩不宜游泳与玩乐。

最使人觉得目前海洋政策不足的，大概是海底油井爆炸与油轮折断的事件。石油污黑了海滩，弄死成千上万海鸟，并且一时不易解除对海洋生物的威胁，受害的地方已很多了。我们还没有好办法清理被漏出原油染污的海滩。近年油轮越造越大，大量漏油的危险也越来越大。到 1990 年，大概有 3 千多口海底油井，原油污染的危险也就更大了。

早期核子试验会有辐射鳌飘落。至今从海洋任何一处取水 50 加仑，仍可验出辐射性来。英国水域有大量海鸟死亡，研究人员在死鸟体内发现大量制造油漆与塑胶用的毒性化学物。全球各地普遍使用有毒而效力持久的杀虫剂，对许多处食鱼鸟和食肉鸟危害甚大，更有证据证明这些杀虫剂还能杀害浮游植物——海洋生物链中最基本的食料。

我们不得不作这样的结论：现在如不采取明智果断的行动，海洋就会像今日的陆地一样，变得杂乱污秽了。届时，损失最大的还是地球上的人类。

目前虽然已经迟了，但还是有希望的。不过，从大规模破坏海洋转而保护海洋，是一项艰巨的工作。世界各国须共同订立一项国际海洋政策，牺牲狭隘的本身利益，以保存这个广阔的领域。海洋是我们祖先留给人类共有的财产。为了人类的前途，这项工作必须列为当务之急。这项工作，考验我们人类的才智，考验我们的做人之道，也考验我们对子孙后代的道义责任感。具体说来，我们必须采取下列主要步骤。

（1）如果办得到，就不要把废物弃入大海、大湖及河流海湾的近岸处。经过处理后起码与海水的天然性质相同的液体废物除外。

我们快要没有抛弃废物的地方了。我们现在别无他法，只能利用科技设法把废物再循环，送回经济体系中再加使用。近来世界各国在控制海洋污染方面颇有进展，这是一件令人振奋的事。

（2）为了不让陆地上随处可见的混乱与破坏情形发生在海洋中，我们在进行新的海洋建设（诸如建造朝向海面的喷射机场，或在新区钻探近海油井等）之前，须先订立严格的限制条例。

新工程的每一阶段，都要让公众知道，并与公众商量。例如，决定是否应当让海洋工业及其附属装置在海上建立，或者是否让超级油轮在沿岸水域行驶等，都要征询公众的意见。

至于近岸油井，在生态环境易受影响的地区，就应停止钻探。除非有足以服人的证据表示新井无碍于海洋环境而又有可靠技术能控制漏油事件，否则应当禁止钻探任何新油井。在此之前，海中不属于任何国家的未采油藏及矿藏，都应暂不开发。

（3）在无可估价的受潮地大肆疏浚与填土，及以"改进"为名开辟沿海地带，都必须立刻停止。

有些海洋生物学家严厉指出，目前海洋污染的情形正在加速恶化。我们若不立即采取行动，50年后，或者不到50年，海洋生物大致会灭绝。

第二章

海洋景观

在无边浩瀚的蓝色海洋中，有很多美丽的海洋景观星罗棋布，点缀其间，给地球增添了迷人的色彩。其中有不少景观充满奇情异趣：或神秘莫测，引人遐思；或风情独异，给人启迪；或风光旖旎，使人眷恋；或物产丰饶，令人神往。

被冰雪掩埋的大湖

在南极中心地区约 4000 米厚的冰盖下，有一个大湖。它位于俄罗斯"东方"考察站附近。该湖最深处达 550 米，相当于最深的贝加尔湖的 1/3 那么深。

这个湖的发现几乎与臭氧空洞的发现一样引起轰动，因为它的水可能是世界上最纯净的水，可能为生物提供特殊的生存条件，还可能含有重要的气候信息。生物学家们急切地想知道，在这种环境下生物能否生存。此外，湖水可能含有约 400 万年前的残余物。这是由某些研究人员根据发掘的化石假设的。冰面下 4000 米处的湖，它会有多少奥秘等待人们去探索。

不过，要把这样的湖摸透，可实在不容易。由于它受到的压力太大，要取得数据，就需要很高的技术。科学家们是通过地球物理学和卫星测量，尤其是借助反射地震学和雷达发现此湖的。要深入研究它，科学家们得找到更多的方法。

"冰盖下的大湖，这是海洋学和地球物理学上的最新发现"！—— 1995 年 3 月 8 日，德国的《商报》对此事做了报道。

如梦如幻的海市蜃楼

在平静无风的海面上，偶尔会在远方空中映现出琼楼仙阁、船舶岛屿。可是大风一起，这些景象就会突然消逝，荡然无存。原来这是一种幻景，是大自然对我们眼睛开的玩笑，这种幻景被称为海市蜃楼。在海面上，贴水面附近有一层冷空气，上面是一层暖空气。远处物体发出的光线受到暖空气层的折射或反射，就造成了海市蜃楼现象。可是，在21世纪，如果在海面上空见到许多琼楼仙阁，可别以为那是海市蜃楼现象，那是新型的海上建筑。

在新石器时代和青铜器时代，阿尔卑斯山北部地区有的房屋和村落，是建在水中的柱子顶上。现在澳洲、东亚和南美的土著民族中，还可能看到这种建筑。受此启发，21世纪，人们将原封不动地利用海底土地，在海上建造各种海中建筑。1985年，新加坡在圣淘沙岛外的海面上，相继兴建了两座6层的海洋旅馆，占地面积为150多平方米，被游人称为"海中摩天楼"。

海市蜃楼的奇观在古代中国早已有之。古人以为这是一种神奇的景观，如今随科技的发展，人们已经明白，这不过是大气玩弄的把戏，当光线穿过密度相差很大的大气时，就会发生折射，通过折射把远处的物体都呈现在人们的面前。通常在大海和沙漠上最易见到海市蜃楼这一奇景。

然而正是海市蜃楼的启发，加之人类的人口数量急剧膨胀，生活空间在不断地缩小，人们就想着，

能不能建出一个真正的海市蜃楼，把人类的生存空间向海洋延伸。

要在海上建一座集工业、商业、科研、娱乐、生活于一身的城市，设想一下，如此一项庞大的工程，从环境调查，到规划、设计，到施工，将是何等艰巨的任务。所以直到 20 世纪 60 年代，才有一些发达国家提出了建海上城市的计划。

那么，怎样才能在海上建起一座城市呢？办法当然很多，大致可分为三种。一种是源于中国古代神话"精卫填海"，在海洋中填出一块陆地，然后在其之上建立一个繁华的城市。也许有人会觉得这种方法太费力了，于是又想出了另一种方法浮动法，即是建一座浮在水上的城市，而且也有航船上定位用的锚来固定这漂泊在海上的城市。还有一种建法是参考了欧洲美洲等地的古代居民的水中柱子上造房的"搭造柱子城法"。

正当"柱子城"设计工作紧锣密鼓地进行的时候，一些美国专家提出在大城市沿海建造浮动式海上城市的设计方案。把城市分成许多块成为一个大"单元"，固定在海上。

当初，人们乘上渡船往来于大陆海岛之间，曾感到这是个大进步。但随着经济的发展，人们生活节奏加快，对于现代人而言，渡船太费时，有时甚至会误事，受天气的影响，还会造成海难事故。人们需要一种全新的交通运输方式，打开海上通道。于是跨海大桥应运而生。

目前世界上已建成了不少跨海大桥。例如土耳其境内的博斯普鲁斯海峡大桥就是一座跨海公路大桥，全长 1560 米，中央跨度 1074 米。早在 1973 年就建成通车。1983 年 3 月，科威特建成了布比延跨海大桥，也是一座跨海大桥，全长 2383 米。它是在我国和法国共同帮助下建成的，大桥的落成使科威特与布比延岛连成了一体。

　　港珠澳跨海大桥——世界最长的跨海大桥。是中国境内一座连接香港、珠海和澳门的桥隧工程，位于中国广东省伶仃洋区域内，为珠江三角洲地区环线高速公路南环段。港珠澳大桥于2009年12月15日动工建设；于2017年7月7日实现主体工程全线贯通；于2018年2月6日完成主体工程验收；于2018年10月24日上午9时开通运营。

　　港珠澳大桥东起香港国际机场附近的香港口岸人工岛，向西横跨南海伶仃洋后连接珠海和澳门人工岛，止于珠海洪湾立交；桥隧全长55千米，其中主桥29.6千米、香港口岸至珠澳口岸41.6千米；桥面为双向六车道高速公路，设计速度100千米/小时；工程项目总投资额1269亿元。2018年12月1日起，首批粤澳非营运小汽车可免加签通行港珠澳大桥跨境段。港珠澳大桥因其超大的建筑规模、空前的施工难度以及顶尖的建造技术而闻名世界；大桥项目总设计师是孟凡超，总工程师是苏权科，岛隧工程项目总经理、总工程师是林鸣。

　　跨海大桥给人们提供的方便是巨大的，产生的经济效益也是很可观的，但是它的建造要比江河大桥复杂多了，它的规模一般较大，设计要求很高，施工难度大。跨海大桥的出现标志着陆上大桥建设工程向海洋发展，它是桥梁建筑史上的一个新的里程碑，它像海上一道美丽的长虹，为人类提供了一种建立海上通道的新方式。

　　东京、纽约、伦敦都是国际城市，伦敦和纽约周围都有3个国际机场，而东京周围只有两个国际机场：羽田机场和成田机场，因此，日本计划在东京湾海面上建造一个海上国际机场。机场是圆形的，直径有3200米，飞机跑道的总长度为4560米。机场与陆上的联系，既可以用汽艇，也可以通过海底隧道，火车从横滨车站出发，只需20分钟就可以到达机场。新海上机场每年接待旅客4800万人，是成田机场的1.5倍，航运货物每年420吨，是成田机场的3倍。世

界上第一个海上机场是在日本长崎航空港附近的海面上，通过水上栈桥与本土相连。

建立柱子式海上城市的设想，是英国建筑师莫格里奇和马力在1968年向全世界首次提出的，地点选择在英国东海岸水深9米、长24千米的区域。

所谓柱子式海上城市，就是在海上打许多桩柱，在桩柱上架设围堤，上面建住宅区、工业区、公园、医院、运动场、学校等设施。柱子式海上城市的主建筑像一个阶梯形的大运动场，共有16层，内设城市管理机构、剧场、电影院、公园、医院以及小区。

在主体建筑外面，向海的方向上建有防波堤。防波堤是由塑料夹层做成，形状像"大香肠"，漂在水上，里面90%都是淡水。防波堤是用弹性缆绳锚定在海上，能减弱袭来的海浪，起到保护城市的作用。

在防波堤与主体建筑之间是人工湖，湖里有许多相互连接的人工岛。岛上设有幼儿园、学校等建筑。在岛上离开海面4米高的地方，架设有通到城市各处的道路网。

城市用电，有一座天然气发电厂供应。电厂建在城北，发电厂的余热用来淡化海水和调节住宅、工厂的温度。

海上城市可供3万人居住。城市与英国本土之间的交通主要靠气垫船或飞机。

在海上，除了固定的海上建筑外，还有游动式建筑，既可以是工厂（加工海洋矿产和养殖海洋动植物），也可以是旅馆、城市等。

游动工厂是把厂建在船上。日本在广岛县吴市建造了第一座游动工厂，工厂分纸浆厂和发电厂两部分。纸浆厂是处理木片造纸；发电厂是火力发电，供纸浆厂使用。工厂先在船坞内经过严格检查，后由拖轮拖过印度洋、绕过好望角、再穿过南大西洋，经贝伦，进入亚马孙河，在海上航行了3个月，1978年5月，到达预定地点。你们看，游动工厂多方便，哪里需要就到哪里，不用了，随时可以搬家。

日本准备建造2500个游动城市，每个城市可住居民25万人，目前已在进行实验。

　　朝鲜建筑师经过 3 年时间完成了一座"海上宾馆"的设计。这个游动宾馆建设在离西归浦陆地 300 米的海上，水深 16 米，是一座圆锥形建筑物。

从"风暴角"到"好望角"

　　1487 年 8 月，航海探险家迪亚士为了寻找传说中所罗门王财富的来处——神秘的俄斐，率领 3 艘单帆木船，从里斯本出发，沿着非洲海岸向南航行。迪亚士此行历尽艰辛，险些丧命，到底也没有找到那藏宝之地。不过，他却来到了非洲大陆的最南端，第一次向世人证实了，非洲大陆并不是死胡同，非洲

是有尽头的。这在当时，实在是一个震动欧洲整个航海界的壮举。

　　迪亚士最初通过非洲最南端时，并没有看清那里是什么样子。等到他们返程再路过那里时，老天爷似乎挺理解他们的心思，天气突然晴朗起来，使他们得以饱览一下非洲南端的风光了。迪亚士立在船头，清楚地看见一个山岩陡立的岬角直插大洋之中，十分壮观。可是一想起这次航行的艰险，在那罕见的风暴中死里逃生的情景，心情顿时沉痛起来。此时再看那峭壁如云、嵯峨雄伟的岬角，原来那迷人的景色转瞬不见了，反倒使人望而生畏起来。于是，迪亚士决定给这个海角定名为"风暴角"。

　　迪亚士回到里斯本，受到葡萄牙国王和大臣们的热烈欢迎。可是，当他向国王汇报此行经过，提到"风暴角"这个名字时，国王立刻拉下了脸。在国王看来，这个名字太不吉利了，如果用这么个名字，怎能有希望得到大批的金银财宝呢？

　　于是，国王下令："从现在起，把'风暴角'这个不吉利的名字改掉，用'好望角'给非洲最南端的海角命名！"

　　"好望角"这个名字就这样定了下来，虽然葡萄牙国王给它取了个好名字，但实际上它是世界上著名的大浪区，仅 20 世纪 70 年代，在那遇难的万吨级轮船就有 11 艘之多。尽管这样，好望角还是功大于过，目前，它仍是世界上最繁忙的航道之一，每年从这里驶过的船只达二三万艘，平均每小时就达 3 艘以上，年运货量达 7 亿吨。

美丽的海底城市

　　法国神话传说，偶尔可以在杜阿尼湾看到一座水下城市。这个水下城市常常有声音传出来，有人曾听到过城内那缓慢而有节奏的钟声，法国诗人为它写了一首诗，题目就叫《水下城》。诗中写道："皇宫被忧郁深埋，光线来自火红的海，波涛悄悄地把城堡覆盖？"这是人类的梦幻，是人类愿望的一种表达。几千年来，人类多么希望在汪洋大海中，有人类居住的城市。

　　1968 年的一天，风和日丽，海水清澈明亮，格外迷人。美国科学家和几名潜水员，在大西洋的比米尼岛附近海域进行水下考察。突然，一名潜水员惊叫起来："你们快来看，海底有条路。"确实，一条宽阔、笔直的道路躺在海底，路是用各种大小的长方形和多边形石头整齐铺成的。1974 年，苏联科学家在北大西洋海底拍摄到一批建筑物断壁残垣的照片。1979 年，法国与美国科学家在大西洋百慕大群岛附近的海域，发现了一座水下金字塔，规模比埃及金字塔大得多。塔顶离水面 100 米左右，塔底有两个巨大的洞穴，海水快速从洞中流过，激起涌涛。水下的这一系列发现，引起整个世界的轰动，可惜，这些毕竟不是水下城市，它只不过是陆地上建筑物沉没在水中的遗迹。

　　人类向往的水下城市，将出现在不久的将来。

　　到那时，人类大量开发海底石油和天然气，挖掘海底锰结核，在海底建造海底矿山和矿石加工工厂。海底工厂使用最先进的技术，一切都是自动化，钻探装置、泵、挖掘机等都是遥控的，工厂的工人是机器人。

　　尽管这样，海底工厂还需要许多控制机器人和遥控机器装置的管理人员，他们需要居住在海底。

　　美国雷诺兹公司设想在海底建设石油工厂、石油贮藏库、精制车间和职工宿舍。

　　埃及开罗大学农学系的科学家们，把一个水稻品种同埃及北方咸水湖中生长的一个芦苇植物的变种，进行杂交，结果培育出一种可以在咸水，甚至海水中生长的水稻。这样能在海底建设农场，种植巨藻和水稻，以供海底城市居民的粮食需要。海底农场的建设，也需要大量的管理人员，他们也居住在海底。

　　于是，海底居民越来越多，他们居住在水下住宅里。水下住宅在 20 世纪已经开始建造。一栋栋水下住宅连成一片，就成了水下居民点，几个居民点组成

一个水下城市的街区，几个街区就发展成规模宏大的海底城市了。

海底城市的中心是圆角形的海底中心站。在这个中心站，工作和生活必需的设施非常齐备，医院、学校、娱乐场所、商店等应有尽有。室内都装有空调，保持舒适的温度，新鲜空气和废气都由管道输送和排出。

现在一些国家已开辟了海底油库、海底仓库和小型海底娱乐场。日本在琵琶湖底建了一个大米仓库，由于水底温度长年不变，所以米存在仓库内3年也不会霉变和生虫，维生素也不会损失。澳大利亚东北部的大堡礁，是世界上最大的珊瑚礁群，由近千个屿礁、浅滩组成，政府在海面下开设了一座海底公园，游客可以在公园内尽情享受海洋世界的乐趣和了解海底的许多奥秘。

小型潜艇是连接城市中心站与各个工厂、农场的交通工具。核动力潜艇是大型运输工具，负责海底城市居民与陆地的联系。海底城市与海面的联系还可使用海中直升机。

在海底城市，隧道像现在陆地上的铁路、公路那样，四通八达，城市居民的上下班将会非常方便。

海底城市的建设，是人类的福音，人类再也不必为土地危机而担惊受怕了。

姿态万千的海岸线

大自然威力无穷，它造就的海岸线姿态万千。我们伟大的祖国是个濒海大国，有32 000千米的海岸线；其中大陆海岸线北起鸭绿江口，南至北仑河口，长达18 000千米；海岛岸线共14 000千米。从地貌上区分，我国的海岸线大致有7种类型。

（1）雄伟壮丽的港湾海岸。在大连海滨，岩壁竣峭，礁石在海中兀立，海水咆哮着涌向海礁，卷起一阵阵白沫飞溅的浪花，这就是港湾海岸。由于波浪成年累月永不停歇地冲刷，海岸的轮廓逐渐改变着，伸向大海的山冈成了海岬，海岬突出的部分为岬角，海岬被冲裂切断而向后退，便形成断崖陡壁和岸石滩地。岬角遭破坏后形成的大量岩屑和泥沙，又被海浪沿岸推移，有的成了

陆连岸。这类港湾海岸广泛分布在我国辽东半岛、山东半岛以及杭州湾以南的浙、闽、粤、桂沿海。它为人们建造优良海港、海水养殖场和海滨浴场创造了条件。

（2）水乡泽国的河海口岸。我国的大河多是从西向东流入大海，在入海处泥沙堆积成三角洲平原。有一些河口是喇叭形的海湾，称三角港，这种三角港是河水与海水长期交锋的结果。天长日久，三角港扩大成为三角洲。

这里地处海滨，地势宽阔平坦，湖泊众多，河渠纵横，土地肥沃，像长江、珠江三角洲，都是被称为鱼米之乡的富饶的农业区。我国较大的沿海三角洲有长江三角洲、黄河三角洲和珠江三角洲。

（3）粉沙淤泥质的平原海岸。在渤海两岸，华北平原直接与大海相连，那里岸线平直，地势低洼，海中水浅底平，距岸几十千米的大海中，水深仍只有

三五米；海水黄浑，风平浪静，在平坦的泥质海底上，栖息着肥美的鱼和海虾大蟹，这就是粉沙淤泥质平原海岸。我国有长达2000千米的平原海岸，主要是渤海西岸及黄海西岸的江苏沿海两处，此外，辽河平原的外围以及闽、浙、粤的一些河口与海湾顶部，也有小面积的分布。平原海岸主要是由潮流与

海洋景观

喧嚣海洋

69

泥沙的矛盾作用形成的。由于几经海陆变迁，使海滨平原蕴藏了丰富的油田，如今渤海海湾已成为我国主要海上产油区。

（4）灌木丛生的红树林海岸。红树的生长要求终年无霜、温暖而潮湿的气候，它耐盐耐碱，适合在热带、亚热带风浪比较小的淤泥海滩上密集生长，形成奇特的海滨森林。我国的红树林海岸大致从福建的福鼎开始，经台湾、阳江、电白、海南岛，到钦州湾。红树林既是一道天然防护林带，其自身也有经济价值，是沿海人民的一大财富。

（5）风沙飞扬的沙丘海岸。我国沙丘海岸不长，但分布相当广泛，如冀东沿海的秦皇岛与北戴河之间以及洋河口与滦河口之间；山东半岛蓬莱、威海一带；广东的电白、湛江和海南岛一些地方。

（6）风光旖旎的珊瑚礁海岸。我国的珊瑚礁海岸大致从台湾海峡南部开始，一直分布到南海。其形态分为岸礁、堡礁、环礁3种。珊瑚礁海岸就是由珊瑚骨骼积聚而成的礁石海岸。

（7）危崖陡立的断层海岸。这种海岸是由于地壳构造运动而形成的。我国最为典型处是台湾东海岸。

别具一格的海底旅游

"请到天涯海角来！"这是我国海南岛三亚市潜水旅游公司的广告语。

在三亚市的大东海、牙龙湾等海域，游客们可以穿上潜水衣，带上氧气瓶和水下猎枪，在水下导游的引导下，浏览海底美景，打猎，采集海底动植物。够刺激吧！

如果想乘潜艇观光海洋世界，那么，请去美国的"海底游览公司"，他们有豪华、宽敞的潜水游艇。在艇外安装有一种可以散发鱼饵的特殊设备，专门引诱鱼群向游艇靠拢，以便游客们观看。美国还有一家"海底观察公司"，位于西雅图，他们的潜艇是由新颖透明的材料组成，游客一进入艇内，就仿佛身处海底似的，够吸引人吧。

在日本四国岛西南岸的龙串湾，有一个海底公园。海底公园有水中瞭望塔、潜水观光船、海中单轨车、海中散步道等各种设施，这是在 1970 年建成的。游客先乘单轨车到瞭望塔，塔的平台上可容纳 25 位游客，在那里观赏海上风光。然后，游客乘电梯由塔内而下，到海底建筑物，海底建筑物四周都是玻璃窗。游客们可以在海中散步道漫步，随心所欲地观赏异彩纷呈的海底世界，可以尽情地参观天然水族馆里的海中生物。

如果感到饿了，或者累了，可以走进用强化玻璃和透明塑料建成的餐厅里，愉快地饱餐一顿。海底公园内还有清洁、舒适的海水浴场，饭后可以去那儿休息一会儿，然后再乘坐小型潜艇游览"龙宫"。

哪一位游客愿意在海底居住几天，就请到世界上第一家海底旅馆去。这家旅馆名叫贾乐斯，开设在美国佛罗里达半岛最南端基拉乐戈海岸外约 10 米深的海底。海底旅馆的顶上有一个木筏，游客乘渡船到木筏上，然后，从那里通过一条长 60 米的像烟囱似的空气通道，进入旅馆。

贾乐斯海底旅馆有 6 间包房，每间面积 8 平方米左右，房内有透明舷窗，可以观看海底世界；房内还有贮满食品的冰箱、小型唱机、录音机和录像机等供游客消遣。游客通过旅馆的电话与陆地上的亲朋好友诉衷肠、谈观感，这里的设施、服务真够周到的！

在黑海城市索契，有一家特殊餐厅，它的一部分餐厅在水下，有 300 个座位，安排在餐厅玻璃窗附近。餐厅的菜肴都是用鱼、海藻、软体动物和海洋动植物烹炒的。游客可以边观赏黑海水下世界的一部分，边品尝海鲜。

到海底去旅游，将会给你带来意想不到的乐趣，人类与海底生物交朋友的日子近在眼前。奇妙的海底世界将不再为龙王独占，也不再是一个黑漆漆、静悄悄的幽宫，海底将成为人类的新乐园，一个热闹、繁华的水下大世界。

现代化的牧场——海洋牧场

我们的老祖宗——原始先民，靠采集果实、狩猎野兽为生。这是一种非常原始的生产方式，生活既没有保障，又无法满足人口增长的需要。

相传有个叫"神农"的人，来到人群中，对大家说："我来教你们播种五谷吧！"当时人们感到十分新奇，不知道播种五谷是怎么回事。

神农教大家开垦土地，教人们打井取水。可是没有种子啊！神农招来一只全身通红的鸟，鸟的嘴里衔着一株有穗的禾苗。鸟飞过天空，穗上的谷粒竟像下雨一样落到地上。神农教人们把谷粒拾起来，种到田里。寒来暑往，人们经过耕作，收获了种植的五谷。人类从此进化到"种瓜得瓜，种豆得豆"的农业生产时代，生活有了保障。同时，人们又学会了圈养牲畜、放牧牛羊等。从此，陆地上的生产率便大大提高。

可是，近代随着地球人口的飞快增长，科学技术和工业生产的迅猛发展，环境污染越来越厉害，饥饿和粮荒仍然像阴影似的威胁着人类。

未来学家托夫勒也说："对于一个饥饿的世界，海洋能够帮助我们解决最困难的食物问题。"海洋里约有 15 万种动物，其中 2000 种可供人类食用；海洋里还有许多植物，主要是海藻。这些海洋动植物含有丰富的蛋白质，如果人类能多吃海产品，就可以少吃许多粮食，于是，一场向大海要粮食的"蓝色革命"开始了。相信不久，将席卷整个世界！

过去，人类在海上捕鱼捉虾，这仍是一种原始的生产方式。用这种方式向海洋索取食物，海洋生物资源会遭受破坏，因为它只管收获，不问饲养，不问繁殖。据海洋学家估计，海洋生物资源如果不加保护的话，到下个世纪就会枯竭。

现在，凭借高科技力量，人类开始发展人工养殖业：在海边筑堤，围出一部分水域，专门养殖虾、鱼、蟹等多种水产品。1982年人工养殖海产品超过50万吨，占海洋捕捞量的16%，2000年提高到了35%。

将来，人类凭借更先进的科学技术，在海中就可以选定特定的区域。那里的海水冷暖适中，海中的光线非常充足，环境安静，水流通畅，氧气充足。在这样的区域内，建造许许多多的海洋牧场。海洋牧场就像赶着成群牛羊到广阔的草原上放牧那样，把海洋中的各类鱼聚集在一起，利用先进的技术和管理方式，让鱼儿在海洋牧场里无忧无虑地生活，尽情地繁殖，满足人类的需要。

海洋牧场不是普普通通的养鱼池，而有些像我们现在居住的现代化生活小区。

它既有"高楼大厦"，又有"花园别墅"。当然鱼类居住的高楼大厦、别墅与人类居住的不一样。它们的"高楼大厦"是人工鱼礁，就是把石块、废旧车辆、废旧轮胎等堆放在海底。这样，海洋中的许多微小的海洋生物和海藻就会附着在它上面，成了鱼儿的丰富食物。同时，这些东西堆放在海底，改变了海底海水流动的路线，形成沿人工鱼礁、自下向上的水流，把海底营养成分含量高的海水带到海面，增加海水的肥力，吸引着鱼儿。

这个方法真灵。意大利科学家在热那亚沿海，把1000多辆旧汽车放在海底，天长日久，这汽车上长了水下植物，成了鱼类和其他海洋动物栖息和避难的场所。日本和美洲有些国家，在过去几乎不可能捕到鱼的沿海地区，采取这种方法后，现在渔获量一下子提高了10~20倍。

73

"花园别墅"是一种网箱,专为名贵鱼儿居住的,在别墅里生活的鱼,是无法逃出去的。

除了生活设施以外,海洋牧场还有幼儿园,专门照料那些刚出生的小鱼,等到它们能独立生活后,再把它们放到牧场去。

海洋牧场有许多特殊的设备,比如能播放音乐的设备,经常播放只有鱼听得懂的音乐:特定频率的声音。这样能够吸引许多喜欢"音乐"的鱼来到牧场里定居。还有散发气体的设备,有些鱼既不喜欢高楼大厦、花园别墅,也不喜欢听音乐,却喜欢某种独特的气味,牧场经常散发这种气味,吸引这些鱼在牧场居住。

陆地上圈养牛、羊、马等牲畜,都有围栏,不让它们逃跑。海洋牧场在水中,既不能设围栏,也不能设网,鱼不会都跑光吗?科学家有"妙策"。海洋牧场四周的海底都铺设塑料管道。管道上有许多小孔,用空气压缩机给管道充气,空气会从小孔里冒出来,不断浮升、膨胀、破裂,发出嘶嘶的声响,在水中形成一道气泡幕。鱼见到气泡幕很害怕,不敢破幕而出,只得老老实实地待在牧场里。即使那些胆子大的鱼,敢冲破气泡幕逃出去,也会被"牧场警犬"——海豚赶回到牧场里。

海洋牧场管理,是最现代化的,控制中心的电子计算机监视着鱼的一举一动,关心它们的健康,同时也防范海洋环境变化对它们的损害,防止其他海洋生物对它们的侵害。

日本曾经在冲绳海洋博览会上,成功地创造了世界上第一个现代化的海洋牧场。

海洋牧场的兴起,必将使"蓝色革命"结出丰硕的成果!

美丽的海底花园——珊瑚海

海底也有"花园",世界最美的"海底花园"珊瑚海位于澳大利亚东北部,面积达479.1万平方千米,由于地处中太平洋,终年受南赤道暖流影响,水面平均温度在20℃,适宜于珊瑚生活,因而以异常发达的珊瑚礁著称。世界上最大的珊瑚礁——大堡礁就位于该海的西侧。

各种珊瑚礁都有一个宽阔的礁盘,礁盘上海水明净,清澈见底,各种类型的珊瑚蓬勃发育,其颜色为黄、红、绿、灰、紫等多种,这些五彩缤纷的活珊瑚在海底组成一座绚丽动人的"海底花园"。各种各样的珊瑚奇特多姿,别具一格,可以与翩翩起舞的花蝴蝶媲美,与烂漫的山花争艳。这处神奇变幻的海底珊瑚世界,使人心旷神怡。

各种各样奇异艳丽的贝类、海星等无脊椎动物以及各种海藻生长繁盛,构成了光怪陆离、五彩缤纷的珊瑚礁海底世界,而热带那些色泽鲜艳、美丽异常的珊瑚礁鱼类,在珊瑚丛中和礁盘间自由出入,悠悠嬉游,更给"海底花园"锦上添花。

不久前,在加勒比海距埃斯帕牛拉岛几千米远的地方,发现了世界上最丰富多彩的海底花园。在这个奇异的花园里,聚集着大量的海洋生物,其种类之多,几乎包括了人们已知道的所有海洋居民。

毒蛇盘踞的海岛

许多海岛由于气候温和湿润，适合蛇类栖息。海岛中蛇类数量最多的，当首推我国的蛇岛。

蛇岛位于渤海东部，距旅顺老铁山只有 20 多千米，属大连市管辖。它长约 1.5 千米，宽 0.7 千米，面积 0.8 平方千米，海拔 215 米，岛上植物繁茂，灌木杂草丛生。就是这么一个小岛，上面竟盘踞着 1.4 万条凶猛的毒蛇——黑眉蝮蛇。

黑眉蝮蛇善于利用各种保护色进行伪装。它们挂在树上就像干枯的树枝，趴在岩石上恰如岩石的裂纹，蜷伏在草丛中活像一堆畜粪。这样的伪装很能迷惑过往的候鸟。这些鸟儿一旦收拢翅膀降落在树枝上、岩石上或草丛中，转眼间就被蝮蛇咬住，成为它的美餐。据说在 20 世纪 30 年代，岛上的黑眉蝮蛇有 5 万条之多！由于种种原因，蝮蛇的数量急剧下降。现在，已经采取了保护措施，经国务院批准，1980 年成立了辽宁蛇岛老铁山国家级自然保护区。

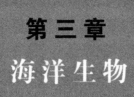

第三章

海洋生物

在海洋世界里，无论是广袤无际的海面，还是万米深渊的海底，都生活着形形色色、光怪陆离的海洋生物，宛如一座奇妙的「海底龙宫」。整夜「鱼灯虾火」通明。正是它们给没有阳光的深海和黑夜笼罩的海面带来光明。

海洋森林——红树林

红树林是生长在海水中的森林，是生长在热带、亚热带海岸及河口潮间带特有的森林植被。它们的根系十分发达，盘根错节屹立于滩涂之中。它们具有革质的绿叶，油光闪亮。它们与荷花一样，出污泥而不染。涨潮时，它们被海水淹没，或者仅仅露出绿色的树冠，仿佛在海面上撑起一片绿伞。潮水退去，则成一片郁郁葱葱的森林。

红树林海岸主要分布于热带地区。南美洲东西海岸及西印度群岛、非洲西海岸是西半球生长红树林的主要地带。在东方，以印尼的苏门答腊和马来半岛西海岸为中心分布区。孟加拉湾—印度—斯里兰卡—阿拉伯半岛至非洲东部沿海，都是红树林生长的地方。澳大利亚沿岸红树林分布也较广。印尼—菲律宾—中印半岛至我国广东、海南、台湾、福建沿海也都有分布。由于受黑潮暖流的影响，红树林海岸一直分布至日本九州。

我国的红树林海岸以海南省发育最好，种类多，面积广。红树植物有 10 余种，有灌木也有乔木。因其树皮及木材呈红褐色，因而称为红树、红树林。红树的叶子不是红色，而是绿色。枝繁叶茂的红树林在海岸形成的是一道绿色屏障。

红树林发育在潮滩上。这里很少有其他植物立足，唯有红树林抗风防浪，组成独特的红树林海岸。

红树具有高渗透压的生理特征。由于渗透压高，红树能从沼泽性盐渍土中吸取水分及养料，这是红树植物能在潮滩盐土中扎根生长的重要条件。红树的根系分为支柱根、板状根和呼吸根。一棵红树的支柱根可达 30 余条。这些支柱根像支撑物体最稳定的三脚架结构一样，从不同方向支撑着主干，使得红树风吹不倒，浪打不倒。这样的红树林，对保护海岸稳定起着重要的作用。例如，1960 年发生在美国佛罗里达的特大风暴，使得沿岸的红树毁坏几千棵，但是连根拔掉的却很少。主要的毁坏是刮断或因旋风作用把树皮剥开。

红树植物的呼吸根，顾名思义，起呼吸作用。在沼泽化环境中，土壤中空气极为缺乏。红树植物为了适应这种缺氧环境，呼吸根极为发达。呼吸根有棒状也有膝曲状的。有的纤细，其直径仅有 0.5 厘米，有的粗壮，直径达 10 ~ 20 厘米。红树植物板状根是由呼吸根发展而来。板状根对红树植物的呼吸及支撑都有利。红树植物根系的特异功能，使得它在涨潮被水淹没时也能生长。红树植物以如此复杂而又严密的结构与其生长的环境相适应，使人惊叹不已。

最有趣的是红树植物繁殖的"胎生"现象。红树植物的种子成熟后在母树上萌发。幼苗成熟后，由于重力作用使幼苗离开母树下落，插入泥土中。这种"胎生"现象在植物界是很少见的。更使人们惊奇的是，幼苗落入泥中，几个钟头就可在淤泥中扎根生长。有时从母树落下的幼苗平卧于土上，也能长出根，扎入土中。当幼苗落至水中时，它们随海流漂泊。有时在海水中漂泊几个月，甚至长达一年也未能找到它生长所需的土壤。然而，一旦遇到条件适宜的土壤就立即扎根生长。红树虽然生长在水中，却是一种不怕旱的植物，因为它革质的叶子能反光，叶面的气孔下陷，有绒毛，在高温下能减少蒸发，具有耐旱的特性。它叶片上的排盐腺可排除海水中的盐分。除了胎萌以外，红树植物还具有无性繁殖即萌蘖能力。它们被砍伐后，很快便会在基茎上又萌发出新的植株。

海底藻类

底栖藻

科学家们将栖息在海底的藻类称为底栖藻。它们在退潮时能适应暂时的干旱和冬季暂时的"冰冻"等环境，只要海水一涨潮，它们便又开始正常地生长发育。底栖藻大部分是肉眼能看见的多细胞海藻。小的种类成体只有几厘米长，如丝藻；最长的可达200~300米，如巨藻。底栖藻的形态奇形怪状：有的像带子，如海带；有的像绳子，如绳藻；有的是片状，如石莼、紫菜；有的像树枝状，如马尾藻。

底栖藻的藻体有的只有一层很薄的细胞，如礁膜；有的有两层细胞，如石莼；有的中空呈管状，如浒苔；还有的藻体可分为外皮层、皮层和髓部，如海带、马尾藻。

底栖藻的颜色鲜艳美丽，有绿色、褐色和红色。科学家们根据它们的颜色，把海藻分为三大类：绿藻类、褐藻类和红藻类。

浮游藻

浮游藻的藻体仅由一个细胞组成，所以也称为海洋单细胞藻。这类生物是一群具有叶绿素，能够进行光合作用，并生产有机物的自养型生物。它们是海洋中最重要的初级生产者，又是养殖鱼、虾、贝的饵料。目前已在中国海记录

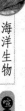

到浮游藻有 1817 种。

浮游藻的运动能力非常弱，只能随
波逐流地漂浮或悬浮在水中做极微弱的
浮动。它们有适应漂浮生活的各种各样
的体形，使浮力增加。例如：有的浮游
藻细胞周围生出一圈刺毛；有的长有长
长的刺或突起物，这些附属物增加了与
水的接触面，可以产生很大的稳定性，

使其能漂浮在有光的表层水中；有的结成群体来扩大表面积便于漂浮，而且它
们本身个体很小，也是对漂浮生活的一种很好的适应形式。

浮游藻身体直径一般只有千分之几毫米，只有在显微镜下才能看见它们的
模样，但其形状各有特色，几乎是一种一个样子。它们多数是单细胞，也有许
多是由单细胞结合起来的群体，有纺锤形、扇形、星形的，有椭圆形、卵形、
圆柱形的，还有树枝状的。

褐　　藻

褐藻的藻体呈褐色，多细胞，有丝状、片状或叶状，还有的呈囊状、管状、
圆柱状或树枝状，一般都有圆盘状或分枝状的固着器或假根。假根上面有柄部
及叶部，通称为假茎和假叶。褐藻中的大型种类，如海带可长到 7~8 米长；巨
藻可长到 300 米长，素有"海底森林"之称。它们多数生长于低潮带或低潮线
下的岩石上。

海带和裙带菜是人们喜爱的食品。海带被称为"海上庄稼"，海洋中有 40
多种。其含碘量为 0.3%~0.7%（这个数字是海水中碘含量的 10 万倍）。海带
可以用来治疗因缺乏碘而引起的各种疾病，它还是提取碘、甘露醇和氯化钾等
化学药品的重要原料，广泛应用于国防和医药工业。

巨藻是海藻中个体最大的一种海藻，人们称它为海藻王，它原产于美国加

利福尼亚、墨西哥和新西兰沿岸。巨藻生长很快，每天可生长 60 多厘米，全年都能生长，每 3 个月收割一次，亩产可达 50 ~ 80 吨，其寿命很长，可生长 12 年之久。巨藻的固着器直径可达 1 米。柄有韧性，可弯曲，柄上生有许多叶片，每个叶片有一个叶柄，叶柄中央是一个直径 2 ~ 3 厘米、长 5 ~ 7 厘米的气囊，由于气囊的作用，可使藻体浮在海面，使海面呈现出一片褐色，故有人称之为"大浮藻"。我国于 1978 年首次成功地从墨西哥引进巨藻，目前在我国海域长势良好。

巨藻的用途十分广泛，可以用它作为生产食物、燃料、肥料、塑料和其他产品的原料。因为巨藻含有 39.2% 的蛋白质和多种维生素及矿物质，所以巨藻还可以用来生产沼气，也可做提取碘和褐藻胶、甘露醇等工业产品的原料。假如我们养殖 4 平方千米的巨藻，那么一年就可生产 10 万千瓦的能量，所以说巨藻也是一种很有发展前途的能源。

我国常见的褐藻除了海带、裙带菜、巨藻之外，还有水云、索藻、酸藻、萱藻、囊藻、绳藻、鹅肠菜、网地藻、团扇藻、马尾藻、鹿角菜、海蒿子、海黍子、羊栖菜等。目前，褐藻类被大量用来制作工业上有广泛用途的褐藻胶。

无脊椎动物

原生动物

原生动物是海洋中最低等的一类动物，它们仅由一个细胞组成。然而这个唯一的细胞却是一个完整的有机体，它具备了一个动物个体所应有的基本生活机能。科学家在分类的时候把它们归为一个门类，即原生动物门。而原生动物门又主要分为鞭毛纲、纤毛纲、孢子纲和肉足纲4个纲，种类有6万~7万种，其中一半为海洋原生动物。原生动物从赤道至两极都有分布，其中最具代表性的是有孔虫和放射虫。

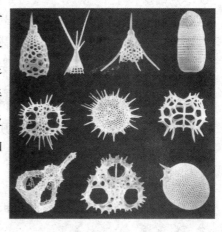

放射虫

放射虫属于肉足纲，在海洋中已经生活了5亿多年，几乎可以在各个地质时期的沉积岩中找到放射虫的化石。放射虫种类繁多，因身体大都呈辐射状而得名，身体直径为100~2500微米。

有孔虫

有孔虫也是一种非常古老的生物，它们大多数都有由矿物质形成的硬壳，壳壁上还有许多小孔，其身体由一团细胞质构成。细胞质分化为两层，外层薄而透明，叫做外质；内层颜色较深，叫做内质。外质围绕着硬壳并且在小孔内伸出许多根状或丝状的伪足，这些伪足的主要功能是运动、取食、消化食物、排泄废物等。

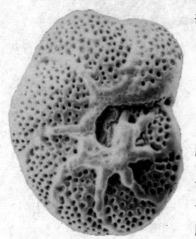

海绵动物

海绵动物是海洋中最原始、最低等的多细胞动物，早在寒武纪以前，它们就已经出现并且直到现代还一直繁衍着。海绵动物构造很简单，无口、无消化腔、也无行动器官，由单细胞动物演化而来，是单细胞动物向多细胞动物

过渡的类群，展示了动物从低级向高级发展的重要过程。

海绵动物有单体生的，也有群体生的，外形多种多样。其中，单体海绵有高脚杯形、瓶形、球形和圆柱形等不同形状。它们的体壁有许多孔，水道在孔内贯穿；体内有一个中央腔，其上端开口是整个个体的出水孔。海绵动物的骨骼分两类：一类是针状、刺状的钙质或硅质小骨骼，称为骨针；另一类是有机质成分的丝状骨骼，称为骨丝。

海绵动物五颜六色，各具形态：有扁管状的白枝海绵，有圆筒形的古杯海绵，有形象逼真的枇杷海绵，也有被称为"维纳斯花篮"的偕老同穴海绵……

腔肠动物

在动物学界，大家称单细胞动物为原生动物，称多细胞动物为后生动物。而腔肠动物则属于最原始的后生动物，腔肠动物可分为水螅虫纲、钵水母纲和珊瑚虫纲3个纲。它们大都生活在热带和亚热带海洋的浅水区。

腔肠动物的体壁由外胚层、内胚层和中胚层组成。内胚层围成身体的消化循环腔，腔肠一端为口，一端闭塞，没有肛门。它的骨骼主要由角质物或石灰质构成，具有支持和保护身体的作用。

腔肠动物是一种外观非常美丽的海洋生物。其中以珊瑚虫和海葵最为典型。

海葵花

海底岩石上有一种鲜艳亮丽的"鲜花"——海葵。海葵真的是花吗？

当然不是。海葵只是一种比海绵进化得
更完全的腔肠动物，它和海蜇是近亲。
海葵的"花瓣"是捕捉猎物的触手，
触手上暗藏着肉眼看不见的武器——刺
细胞。刺细胞里有刺丝，一些小动物一
旦碰到它的触手，刺细胞就会立即伸出
刺丝，刺得小动物浑身麻木，动弹不

得。这时，海葵便轻而易举地用触手把它送入口中，美美地饱餐了。

海石花

我国美丽富饶的南海，盛产着"海石花"。
如果你踏上西沙群岛和南沙群岛，便会看到处
处都是珠光宝气的。原来，这些都是五颜六色的
珊瑚礁，有红的、黄的、蓝的、绿的、紫的、白
的、粉红的……聚在一起非常漂亮。这里的居民
把这些美丽的珊瑚叫做"海石花"。

海洋软体动物

软体动物的种类非常丰富，现存的有 11 万种以上。某些软体动物已发展到
了能利用"肺"来进行呼吸的程度，同时它们的身体还具有调节水分的能力。

海洋软体动物大都由头、足、内脏 3 部分组成。由于大多数软体动物都覆
盖着坚硬的外壳，所以又有"海贝"之称。

软体动物可分为单板纲、多板纲、无板纲、腹足纲、双壳纲、掘足纲、头足纲7个纲。它们的分布很广，从赤道到寒带，从海洋表面到万丈深渊都有它们的踪迹。常见的海洋软体动物有：鹦鹉螺、鲍鱼、乌贼、章鱼、牡蛎、石鳖、海兔、海牛以及各种贝类等。

石　　鳖

石鳖是贝类中的原始类型，由8枚覆瓦状排列的壳片连接而成，其行动迟缓，外形很像海龟。石鳖的头和足掩盖在贝壳的下面，头上没有触角，也没有眼睛，只是在腹面有一个非常大的嘴。它们的足有很强的吸附能力，一旦受到惊吓，身体便会牢牢地吸附在临近某一物体的表面，很难用外力将其摘取下来。

千奇百怪的贝类

鱿鱼和章鱼都属于贝类，它们是软体动物中进化最好的一类。因为它们能在大海中像鱼一样飞快地游动，所以人们常将它们误认为是"鱼"。鱿鱼和章鱼的身体都由头部、足部、内脏囊、外套膜及贝壳5个部分构成。奇怪的是，它们的贝壳却长在体内，足长在头顶，而且足上密生吸盘。鱿鱼和章鱼在头足类中又属于不同的类群，二者最主要的区别是：鱿鱼的足有8条，而章鱼比鱿鱼多了2条腿。

鹦 鹉 螺

　　鹦鹉螺是一种十分稀罕的贝类，也是现今地球上唯一保留着真正外壳的头足类动物。因为它的贝壳上长满了红色的火焰状斑纹，所以被称为鹦鹉螺。

　　鹦鹉螺是最古老的头足类动物，腕足非常多，可达 90 只，但它们的足上并不带吸盘。鹦鹉螺虽然有外壳，但却没有塔尖，只是在一个平面上从小到大旋转。更有趣的是，它的壳内构造很特别：整个贝壳从里到外被分成了 30 多个小室，彼此由中空的管子串联起来，身体居住在最外面的一室，其余的则充满空气。鹦鹉螺通过调节气室里空气的含量，使身体在海中上浮或下沉。现代潜水艇就是模仿这一原理研制出来的，因此它有"原始潜水艇"之称。

鲍　　鱼

　　鲍鱼是一种比较原始的海贝。它的壳很像人的耳朵，所以又称"耳鲍"。有趣的是，鲍鱼的贝壳上有一排具有呼吸和排泄功能的小圆孔。鲍鱼在平时将身体紧紧地吸附在岩石上，因而它们并不怕风吹浪打。

马 蹄 螺

　　马蹄螺贝壳坚厚，外观上很像马蹄，极具观赏性，它的美丽的贝壳常被做成各种装饰性的工艺品。马蹄螺种类较多，色彩和形状差别也较大，主要生活在热带珊瑚礁海区。

海 菊 蛤

　　海菊蛤长得很像盛开的菊花，它长了一对大小不对称的贝壳，右壳凸起，左壳一般较为扁平，贝壳表面长有放射状长棘装饰物。世界上目前已发现了 50 余种海菊蛤。海菊蛤的一生都将右壳顶固定在某一坚固的物体上，它们也是珊瑚礁海区主要的海洋生物之一。

扇　　贝

　　扇贝属于扇贝科贝类，全球约有 360 种，主要生活在热带浅海地区。

　　扇贝通常右壳在下而左壳在上，并以足丝侧卧式附着在其他物体上。贝壳的外观非常艳丽，两扇贝壳略有差别：一扇扁平，另一扇则微微凸起。

　　此外，扇贝还是一种美味。

节肢动物

　　节肢动物的种类繁多，在目前已知的 100 多万种动物中，它们就占了 85% 左右，其共分 4 个亚门。节肢动物的身体左右对称，有发达的头部和坚硬的外骨骼，身体分节明显，由头、胸、腹 3 部分组成，每一体节上有一对分节的附肢，故名节肢动物。

海洋中的节肢动物分为肢口纲、海蜘蛛纲、昆虫纲和甲壳纲 4 大类，其中最主要的是甲壳纲，它们又分为头虾亚纲、鳃足亚纲、桨足亚纲、微虾亚纲、颚足亚纲、介形亚纲和软甲亚纲 7 个亚纲。

螃　蟹

每当螃蟹受到海浪拍打或海鸟啄食的时候，它们便会放弃受困的附肢，从而顾全大局及时逃离险境。在螃蟹的附肢与身体连接处有一个截断点，截断点周围的特殊组织能在附肢截断时将流血量降至最低，而它也会在不久的将来长出新的附肢来。

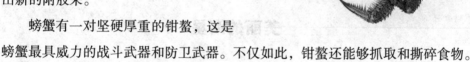

螃蟹有一对坚硬厚重的钳螯，这是螃蟹最具威力的战斗武器和防卫武器。不仅如此，钳螯还能够抓取和撕碎食物。

螃蟹为什么会吐泡

螃蟹在水中游动的时候，从螯足和步足的基部吸进新鲜的清水，溶解在水中的氧气便会同时进入其鳃内的毛细血管中。清水经鳃过滤后，经口器的两边吐出。由于鳃里的水并不能完全被吐净，所以当它们爬上陆地时，便会随着鳃的呼吸，将鳃内含的水分和空气一起吐出，就形成了无数的气泡，那种场景煞是有趣。

棘皮动物

棘皮动物都属于海洋动物，分为海百合纲、海参纲、海星纲、海胆纲和蛇尾纲5个纲，共6400多种。棘皮动物的外观差异很大，有星状、球状、圆筒状和花状等，以海星、海胆、海参和海百合为典型代表。

有趣的是棘皮动物身体呈五辐对称，即将棘皮动物的身体做5次不同的切割，被分割出来的两部分也会基本对称。然而，棘皮动物的幼虫却是两侧对称的，这也是其他动物所不具备的。

美丽的海星

海星的形状十分奇特，它并不是左右对称的，而是由几根臂足构成，从身体中心向外呈放射状。海星的这种体型没有前后之分，它们每次移动时，任何一根臂足都可以充当先锋，带领其他臂足朝同一方向前进。

海星一般有5个腕，而且颜色并不相同，看上去就像海底的"星星"一样漂亮。

海　参

　　海参长着一种特殊的防御器官——居维氏器。它是由许多盲管构成的，里面含有毒液。当海参遇到危险时，居维氏器便从肛门中排出，以缠绕和毒杀敌人。一旦抵挡不住了，海参竟可以把五脏六腑也从肛门中喷出，只留下个空躯壳便逃之夭夭了。几个星期后，海参还能再生出新的内脏。有的海参即使身体断成数节也不会丧命。

海　胆

　　无论在深海、浅海都可以找到海胆的踪迹，它们是海里的老居民了。海胆是杂食性动物，它既吃藻类，也吃鱼虾。海胆的硬刺中藏有毒汁，这是它们攻击敌人、保护自己的武器。在印度，人们对海胆十分崇敬，把它当做"护雷神"来进行供奉。

有脊椎动物

　　无脊椎动物进化到脊椎动物的过渡型动物称为原索动物。

　　原索动物分为半索动物、脊索动物和头索动物。半索动物只有50种左右，

它的代表物种是柱头虫。脊索动物是动物界中最高等的一门，它们形态结构复杂，数量庞大，有 7 万种之多，分为尾索动物、头索动物和脊椎动物 3 个亚门。其中海鞘是尾索动物中的代表，而文昌鱼则是典型的头索动物。尾索动物和头索动物是脊索动物中最原始的类群，也是原索动物的主要组成部分。

脊椎动物应起源于原索动物，特别是头索动物，从其脊索、背神经官、鳃裂以及体形、肌节、运动器官等各方面来看，它们都和脊椎动物十分接近。可是，迄今为止，在地质记录中尚未找到足以说明这种关系的化石证据。

脊椎动物是脊索动物门中数量最多、结构最复杂、进化地位最高的一大类群，其主要分为鱼类、两栖类、爬行类、鸟类和哺乳类。我们人类就属于脊椎动物中的哺乳类动物。

海洋爬行动物

海洋爬行动物的成员，比起鱼类的数目来简直是少得可怜，只有海龟、海蛇、海鬣、蜥蜴等几种。它们用肺呼吸，早在 2 亿年前它们就生活在地球上，

曾经和恐龙生活在同一时代。在海洋爬行动物中，海龟中的棱皮龟是目前为止世界上已知的最大的爬行动物。

辽阔的海洋，不仅是鱼类的世界，还生活着许多种哺乳动物，哺乳动物是动物世界中最高级的种群，地球上的哺乳动物大约有

4600 种。

最常见且最有代表性的海洋哺乳动物是鲸类。鲸的种类繁多，其中，蓝鲸是地球上最大的动物。此外，海豹、海象、海豚、海狗、海狮、海牛等也都是典型的海洋哺乳动物。其中，儒艮也就是人们经常说的"人鱼"，它是海洋哺乳动物的一种，海獭是最小的海洋哺乳动物。

远古时代的海洋怪物

关于"水怪"的传闻至今尚未得到科学上的证实，但也未被完全否定。事实上，一直以来不断地有一些以前从未知道、甚至被认为早已灭绝的物种被发现。如此来看，我们不能简单地否定"水怪"的存在。另一方面，"水怪"在远古时期的的确确是存在过的。那么，远古时期存在哪些"水怪"？它们是怎样灭绝的？我们又是如何知道它们的？

中生代，当恐龙忙着占领陆地时，一部分爬行动物则返回海洋并迅速成为海洋中的顶级捕食者。在大约 1.7 亿年的时间里，海洋里塞满了蛇颈龙、鱼龙、幻龙和沧龙等噩梦似的怪物。

1811 年，人们在岩石中发现了一具巨大的怪兽骨架化石。当时古生物学家们对这只怪兽感到迷惑不解：它体型像鱼，不仅有大型的背鳍，还有鳍状肢，但是在长而尖的颚中却长满了牙齿。此外，怪兽身上还有不少特征显示它很像是一种爬行类。最终，这个怪兽被命名为"鱼龙"。

事实上，现在的"鱼龙"一词是指拥有上述体型特征的一系列相关物种。其中有一种叫做"沙尼龙"，其体长超过 15 米。大多数鱼龙的体型都比沙尼龙小一点。据推测，鱼龙在行为特点上应该很像今天的海豚。海豚是一种哺乳动

物，它和鱼龙一样具有泪珠形状的体型和长长的口鼻部，而且都有短短的、用以掌握方向的前鳍和大大的月牙形尾鳍，这个尾鳍能让它们以每小时最快可达50千米的速度前进。

在发现鱼龙化石之后，很快又发现了来自恐龙时代的其他巨型海洋爬行类，其中包括蛇颈龙。蛇颈龙虽然生活在海中，外形却根本不像鱼类。它身体浑圆，尾巴和颈部都很长，4个钻石形状的鳍状肢驱动它在水中前行。蛇颈龙的头部虽小，口中却有一副像刀刃般锋利的牙齿。

和鱼龙一样，蛇颈龙也是指一大类具有相同的基本体型的动物。其中最引人注目的是薄片龙，其体长最多可达14米。薄片龙的颈部特别长，这让它能够突然出击，一下子咬住六七米外的猎物。另一种有名的蛇颈龙是特里柯梅龙，它的体长在蛇颈龙中是最短的，颈部也较短，头部和鳍状肢则较大，这让它能在海水中飞速前进，追逐自己的"午餐"。

有史以来最大的食肉类动物也许是巨型滑齿龙，而巨型滑齿龙正是从蛇颈龙群体中演化出来的。巨型滑齿龙属于蛇颈龙群体中颈部较短的一部分，这部分蛇颈龙后来演变成为上龙。也许你很难想象巨型滑齿龙是多么巨大——它们甚至能长到25米长，重达100吨，这可是霸王龙体重的20倍呀！迄今为止所发现的最大一头巨型滑齿龙，仅头部就有4米长，颚长竟然达到3米。巨型滑齿龙的牙齿大小也是霸王龙的两倍。或许你会问：巨型滑齿龙吃什么呢？实际上它想吃什么就吃什么，毕竟，在远古海洋中它可是食物链中的王中王！

蛇颈龙具有4副大小几乎相同

的鳍状肢，正是这些鳍状肢推动它在水中漫步。长期以来，古生物学家们一直想弄清蛇颈龙的鳍状肢究竟是怎样工作的。早期理论认为，这些鳍状肢对蛇颈龙而言或许正像是船桨，"划"着蛇颈龙这艘"船"在海中驰骋。然而，这种解释实在是有些牵强附会。20世纪70年代，一位著名的古生物学家决定深入调查蛇颈龙的肌肉与鳍状肢之间是怎样连接的。她最后得出结论：蛇颈龙的鳍状肢一定具有翅膀的功能，蛇颈龙用鳍状肢上下拍打海水，从而使自己在水中"飞翔"。

进一步研究发现，蛇颈龙拥有十分强壮的肌肉来完成下潜动作，而用于完成上浮动作的肌肉却比较弱。据此有人猜测，蛇颈龙用一对鳍状肢向下拍水推动身体前进，另一对鳍状肢则来回运动，让蛇颈龙为下一个有力的动作摆好姿势。不过，有时候蛇颈龙也会同时用两对鳍状肢向下划水，以使自己猛然发力。

远古所有的巨型海洋爬行动物都有一个共同点：它们都用肺呼吸，而不是像鱼那样用鳃呼吸。也就是说，这些远古"海怪"都必须浮出水面呼吸空气。这是它们跟今天的海洋哺乳动物的另一个共同点。

到恐龙时代接近尾声时，或许身为有史以来最凶残的海洋爬行动物的沧龙出现了。沧龙是在鱼龙灭绝之后出现的，一些古生物学家相信，正是沧龙取代了鱼龙在远古海洋食物链中的位置。沧龙通常生活在浅海中，它有长长的管状躯体，尾巴实际上就是一张大鳍，鼻子则是一副长而尖的颚，颚中长着许多锋利的牙齿。沧龙也有4副鳍状肢，赋予沧龙稳定性，增加沧龙的运动速度。沧龙群体中体型最大的是瘤龙（也叫海王龙），其体长近5米，其中头部长1.5米。

到了白垩纪末期，几乎就在当时陆地上的霸主——恐龙销声匿迹的同时，几乎所有的巨型海洋爬行动物也灭绝了。从当时幸存至今的一种海洋爬行类是鳄鱼。史前鳄鱼的体型比今天的鳄鱼要大一些，身长5米左右。不过，鳄鱼的

基本体型和身体结构从远古到现在几乎丝毫未变。

是否存在这样的可能性：那些远古"海怪"并不像科学界普遍认为的那样，早在几千万年前就已伴着恐龙走进历史的坟墓，而是其中有一些一直生活到了不远的过去，甚至直到今天也像鳄鱼那样依然存在，只不过还未被科学界所认识？这种可能性几乎为零。不过，这并不妨碍我们拿远古"海怪"来满足当今人们对"海怪"的好奇心。

鱼儿也会隐身吗

常言说"大鱼吃小鱼，小鱼吃虾米"，这话不假。在海洋的大世界里，也是弱肉强食。有些鱼类为了保护自己，求得生存，经过长期的演变，练就了"隐身术"。

有一种蝴蝶鱼，头部有一条黑带，身体后部有一对圆圆的黑斑，黑斑周围镶着黄色或白色的环，活像一对大鱼眼睛。蝴蝶鱼常常向后退着慢慢游动，它的敌人见了它，总是把它的尾部当做头，立刻展开进攻。可它却猛地向前游去，轻松地逃脱了。

美丽的石斑鱼体色善变，一旦发现危险，就悄悄地躲进绚丽多彩的珊瑚丛中，身上的斑点就会变得和珊瑚色一模一样，无论多么狡猾的敌人也难以发现它。

有一种面目狰狞、形状吓人的毒鱼却叫了个漂亮名字——玫瑰鱼。它的颜色像沙石，总是用沙子把自己埋起来，只露出眼睛和嘴巴，小鱼们经常上当，连人也常常吃它的苦头，一不留神踩到它，被它的毒刺扎着，疼痛难忍。

管口鱼更有趣，它身体细长，嘴巴张开时与身体直径一样大，活像一根管子。它在珊瑚丛中身体倒竖起来，与珊瑚的枝权没啥两样。有时它紧贴在一条海绵上，或贴近色彩与自己相近的其他鱼脊背上。这样一来，它就把自己隐蔽得极其自然，进可以攻，退可以守。

羊角钝鱼的隐身术更为高超。它身体细长，经常在海草中找个空，头朝下立在那里，绿色的鳍和尾巴随着海草轻轻摆动，小鱼游来，它就猛地翻转身体，还没等小鱼发现险情，就成了它的囊中物。

鱿鱼利用光线可隐去自己的轮廓，它能散发出一种冷光，这种冷光可以使它隐匿在波光粼粼的水面上，不被其他动物发现。更巧妙的是这种鱼还能根据阳光的强弱调节发光量。

机板鱼的身上缀满了白色斑点和各种颜色的斑纹，这色彩和斑纹便是一种极好的伪装，如果它混在艳丽的珊瑚中，是不容易被来敌发现的。

葵虾的身上分布着少量的黑、白、金色斑点，分别标志着体内重要器官所在，其余全身都是透明的。像块玻璃，它利用自身得天独厚的优势，巧妙地躲藏在珊瑚丛中。

比目鱼生活在海底。它身上布满杂乱无章的斑点，看上去很像海底的一堆碎石。这种鱼可以移动皮肤上的色素细胞，使自己身上的颜色根据不同的环境而改变。可是如

果它的眼睛瞎了，就会失去这种本领。不过为了生存，它们还有另一种隐匿办法；把整个身体埋在海底的沙堆里，同样不易被发现。

太平天使鱼身上有一条很粗的黑线，看上去就像把它分成了两部分，而任何一部分都不像鱼，仅凭这一点，它就可以逃避敌害之口。

海蟹更有绝招，它为了确保自身安全，把活海绵披在自己身上，时间不长，海绵就如海蟹身上的"铠甲"长在一起了，遇有敌害来袭，它便立即把这层海绵抛掉，用它来吸引敌人的注意力，而自己趁机逃之夭夭。

萤鲷有摇身数变的本事。在白色的表皮上，它很快能变出无数深褐色斑纹和斑块，还能生出许多棘刺向来敌示威。如果这些都不奏效，它就使出最后绝招：把身体变得与周围环境相似，和海中岩礁等颜色和形状差不多，便可蒙混过关。

海洋动物，谁主沉浮

在深邃的海洋中，动物要想生存必须具备沉浮的本领。有的动物的身体构造就适宜于沉浮。比如鹦鹉螺，贝壳很大，里面分成很多小室。最后一室是它的"住室"；当室内气体增加时，浮力随之增大，鹦鹉螺的整个身体便可以上浮。随着气室内空气不同程度的减少，它的身体便可以在海水中悬浮或沉入海底。

鱼类的沉浮，与海螺这样的游泳动物不尽相同。鱼类主要是借助本身可充气的鱼鳔来进行沉浮。当鱼向下游时，就排出鳔内的气体，以减小浮力，相应增加自身重量。鳔内气体增加时，鱼便向上浮。

乌贼的身体构造是最有特点的了，它的外套膜及头部在背面有软骨相连，外套膜边缘与外界相通的开口能够随时关闭和张开。当外套膜边缘张开口时，海水便流进乌贼的外套腔内，水注满了外套腔，开口就自然关闭，这时，乌贼即可沉入海底。它的沉浮与潜水艇的沉浮方式相同。乌贼行动十分敏捷，素有"水下火箭"之称。它还能靠漏斗喷水

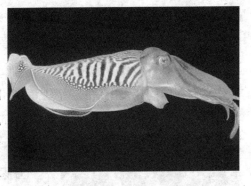

来后退或前进。外套腔注满水后，外套膜的肌肉用力收缩，水便从漏斗喷出，借助喷水的反作用力前进。它还可以借漏斗的不同摆放位置前进或后退。总之，乌贼上浮下沉自如，前进后退迅速，它的招数够"绝"的了。

海　豚

　　全世界共有30多种海豚，而且分布较为广泛，从温暖的赤道到寒冷的北极海域，都能听到海面上海豚欢愉的叫声。海豚和鲸归属于同一个大家族。海豚的大脑结构复杂，其智力远远超过除人以外的其他哺乳动物。它们聪明伶俐，学习能力很强，对落海的弱小动物和人类常常积极地给予救助。因此，海豚是一种非常惹人喜爱、心地善良的动物。

　　海豚的视力极差，那么它是怎样寻找食物的呢？又是怎样识别方向的呢？经科研发现，在浑浊和黑暗的水下，海

豚靠回声定位系统寻找食物、躲避障碍并与同伴交流沟通。它们的前额可发射超声波，返回的声波则被下颚骨里的感受器接收。

　　海豚也有自己独特的语言，在海面上人们常常听到海豚各种响亮的叫声，那是它们在向同伴发出信号。海豚的叫声各不相同，含意也有所不同，有的是在向同伴作自我介绍，有的是在告知同伴发现食物了，有的则是在向同伴求救……可见动物的语言也是十分丰富多彩的。

　　海豚也是一种会变色的哺乳动物。海豚宝宝的肤色是深灰色的，长大成年后，全身则变成粉红色，冬天天气寒冷的时候，它们会"冻"得发白，而夏天则"热"得面红耳赤。随着海豚年龄的增大，它们的颜色也会变得越来越白。

　　海豚妈妈要怀胎一年，才能生下海豚宝宝。出生时，小海豚先伸出小小的尾巴，最后才探出头来，这样是为了避免被海水呛着。接着海豚妈妈会马上帮助它的小宝宝们游上水面，呼吸第一口空气。

　　在海豚妈妈分娩前，海豚们先将"产妇"围起来。因为海豚妈妈分娩时会流出大量的血，这样会引来凶狠的鲨鱼，这是十分危险的。当恶鲨出现时，一对雄海豚会同时出击，一个用尖嘴巴猛刺鲨腹，另一个则以锐利的牙齿来咬断鲨鱼的咽喉，同心协力将鲨鱼置于死地，以保障"产妇"的安全。

　　刚出生的小海豚，牙齿中间是空的，直到成年后才变成实心的。海豚的牙齿是从里往外一层层生长的，犹如树木的年轮。按照海豚牙齿的年轮计算，海豚的平均寿命为 20 多岁，最长的可活到 40 岁。

海洋生物

宣黑海评

海洋精灵——海豚

历史上流传着许许多多关于海豚救人的美好传说。早在公元前5世纪，古希腊历史学家希罗多德就曾记载过一件海豚救人的奇事。有一次，音乐家阿里昂带着大量钱财乘船返回希腊的科林斯，在航海途中水手们意欲谋财害命。阿里昂见势不妙，就祈求水手们允诺他演奏

生平最后一曲，奏完就纵身投入了大海的怀抱中。正当他生命危急之际，一条海豚游了过来，驮着这位音乐家，一直把他送到伯罗奔尼撒半岛。这个故事虽然流传已久，但是许多人仍感到难以置信。

1949 年，美国佛罗里达州一位律师的妻子在《自然史》杂志上披露了自己在海上被淹获救的奇特经历：她在一个海滨浴场游泳时，突然陷入了一个水下暗流中，一排排汹涌的海浪向她袭来。就在她即将昏迷的一刹那，一条海豚飞快地游来，用它那尖尖的喙部猛地推了她一下，接着又是几下，一直到她被推到浅水中为止。这位女子清醒过来后举目四望，想看看是谁救了自己。然而海滩上空无一人，只有一条海豚在离岸不远的水中嬉戏。近年来，类似的报道越来越多，这表明海豚救人绝不是人们臆造出来的。

海豚不但会把溺水者推到岸边，而且在遇上鲨鱼吃人时，它们也会见义勇为，挺身相救。1959 年夏天，"里奥·阿泰罗号"客轮在加勒比海因爆炸失事，

101

许多乘客都在汹涌的海水中挣扎。不料祸不单行，大群鲨鱼云集周围，眼看众人就要葬身鱼腹了。在这千钧一发之际，成群的海豚犹如"天兵神将"突然出现，向贪婪的鲨鱼猛扑过去，赶走了那些海中恶魔，使遇难的乘客转危为安。

海豚始终是一种救苦救难的动物。人类在水中发生危难时，往往会得到它的帮助。海豚也因此得到了一个"海上救生员"的美名，许多国家都颁布了保护海豚的法规。

那么海豚为什么要救人呢？在人们对海豚没有充分认识之前，总以为它是神派来保护人类的。由于科学的进步，对海豚的认识进一步加深，其神秘面纱逐渐被揭开。那么，海豚救人究竟是一种本能呢，还是受着思维的支配？

动物学家发现，海豚营救的对象不只限于人。它们会搭救体弱有病的同伴。1959 年，美国动物学家德·希别纳勒等人在海中航行时，看到两条海豚游向一条被炸药炸伤的海豚，努力搭救着自己的同伴。海豚也会救援新生的小海豚，有时候这种举动显得十分盲目。在一个海洋公园里，有一条小海豚一生下来就死掉了，但它仍然不断地被海豚妈妈推出水面。其实，凡是在水中不积极运动的物体，几乎都会引起海豚的注意，成为它们的"救援"对象。有人曾做过许多试验，结果表明，海豚对于面前漂过的任何物体，不论是死海龟、旧气垫、还是救生圈、厚木板，都会做同样的事情。1955 年，在美国加利福尼亚海洋水族馆里，有一条海豚为搭救它的宿敌——一条长 1.5 米的年幼虎鲨，竟然连续 8 天把它托出水面，结果这条倒霉的小鲨鱼也因此而丧了命。据此海洋动物学家认为，海豚救人的美德，来源于海豚对其子女的"照料天性"。原来，海豚是用肺呼吸的哺乳动物，它们在游泳时可以潜入水里，但每隔一段时间就得把头露出海面呼吸，否则就会窒息而死。因此对刚刚出生的小海豚来说，最重要的事就是尽快到达水面，但若遇到意外的时候，便会发生海豚母亲的照料行为。它用喙轻轻地把小海豚托起来，或用牙齿叼住小海豚的胸鳍使其露出水面直到小海豚能够自己呼吸为止。这种照料行为是海豚及所有鲸类的本能行为。这种本能是在长时间自然选择的过程中形成的，对于保护同类、延续种族是十分必要的。由于这种行为是不问对象的，一旦海豚遇上溺水者，误认为这是一个漂浮的物体，也会产生同样的推逐反应，从而使人得救。也就是说这是一种巧合，海豚的固有行为与激动人心的"救人"现象正好不谋而合。

有的科学家觉得，把海豚的救苦救难行为归结为动物的一种本能，未免是将事情简单化了，其根源是对动物的智慧过于低估。海洋学家认为，海豚与人类一样也有学习能力，甚至比黑猩猩还略胜一筹，有海中"智叟"之称。研究表明，不论是绝对脑重量还是相对脑重量，海豚都远远超过了黑猩猩，而学习能力与智力发达密切相关。有人认为，海豚的大脑容量比黑猩猩还要大，显然是一种高智商的动物，是一种具有思维能力的动物，它的救人"壮举"完全是一种自觉的行为。因为在大多数情况下，海豚都是将人推向岸边，而没有推向大海。20世纪初，毛里塔尼亚濒临大西洋的地方有一个贫困的渔村艾尔玛哈拉，大西洋上的海豚似乎知道人们在受饥馑煎熬之苦，常常从公海上把大量的鱼群赶进港湾，协助渔民撒网捕鱼。此外，类似海豚助人捕鱼的奇闻在澳大利亚、缅甸、南美也有报道。

大白鲨迁徙之谜

尽管大白鲨频频出现在很多纪录片和电影里，但是人类对这种古老的动物还知之甚少。因为这种海洋霸王腹部通常呈现白色，所以得名"大白鲨"。从进化论的角度来看，数百万年来，大白鲨的身体结构一直都没有变化。

大白鲨体形庞大，它们拥有轻盈的软骨骨架，体长能达到几米。在地球任何温度适宜的海域都会有大白鲨的行迹，比如南非、澳大利亚南部、美国加州附近海域。它们天生好胃口，凡是能捕获的食物几乎都能成为它们的美餐。

迄今为止，人类对大白鲨的了解最多只局限在上述这些肤浅的认识上，至于世界上到底有多少大白鲨，它们能活多长时间之类的问题，恐怕还没人能说得明白透彻。科学家目前尚未成功地观察到大白鲨交配的全过程，更何况大白鲨生性倔强——一旦被人类捕获，离开自己广袤的海洋王国就会很快死去，所以到现在从没有真正意义上零距离接触大白鲨。

好奇心会牵引人们上天入海。从 1988 年起，科学家就在加利福尼亚附近海域长期跟踪观察大白鲨。因为大白鲨踪迹隐秘，科学家特意在海边的灯塔上安装了观察设备，一旦发现有大白鲨袭击其他海洋动物比如海象、海狮，科学家会马上出动，用深水摄像技术抓拍大白鲨活动的难得场面。

不久，科学家就会完成一个庞大的数据库的建设，向最终解开大白鲨之谜迈出重要的一步。根据数据库提供的信息，生物学家们初步推算大白鲨能活 60岁至 100 岁。它们一般在 13 岁达到性成熟，这一点和大象乃至人类极为相似。根据现在掌握的资料，雌性大白鲨的妊娠期一般是 18 个月，因此推断大白鲨的繁殖周期远远长于其他动物。一些科学家初步估计，现在世界上仅存不到 1000

头大白鲨。由此看来，虽然大白鲨号称"海洋霸王"，却也不能完全避免灭绝的危险。

斯坦福大学和加州大学的科学家动用了包括最先进的 GPS 卫星定位设备跟踪加州附近海域雌性大白鲨的活动踪迹。耗资惊人的综合检测系统，通过内部的电子时钟，日出和日落等外部数据来定位大白鲨所处的经度和纬度，依据遥感的海温图像，科学家可以判断出它们所处的环境。

综合该卫星系统获得的数据，科学家惊奇地发现，大白鲨并不只生活在靠近海岸的浅海，更广阔的深海同样是霸气十足的大白鲨的天地。一个取名为迪普芬的大白鲨是科学家重点观察的对象，40 天之内，它从加州附近的浅海游到了3800 千米以外的夏威夷。又过了 4个月，迪普芬再次回到了它熟悉的加州浅海。是否雌性大白鲨还会向南方游得更远，现在还不能确定。至少科学家们推测，雌性大白鲨更倾向于独自在远离近海的南方产下幼鲨。

参考鲸和一些鸟类迁徙的习性，一些生物学家认为：大白鲨年复一年地奔波在"南北迁徙"的路上。如果这个假设真能得到印证，更多未解的问题又会冒出来：比如大白鲨为什么要不辞辛劳南北迁徙？它们在千万里的海洋跋涉途中靠什么来定位？浩瀚的太平洋里哪些生物会成为它们旅途中的可口点心……

正如常年研究大白鲨的生物学家拜乐所说："我们踏破铁鞋刚刚找到了一个问题的答案，马上就会又冒出 4 个新的问题。这正是研究大白鲨的乐趣所在。"

鲨鱼也会救人吗

众所周知，鲨鱼是海洋中凶猛残忍的鱼，古往今来，在鲨鱼口中丧生的人不计其数。然而，却有消息说，鲨鱼曾在海里救过人。被救的罗莎琳，是美国人。

1985 年，她还是佛罗里达州立大学教育系的学生。这年圣诞节假期，她和另外两名同学相约到南太平洋斐济群岛旅游。一天，她所乘的渡轮漏水，许多人挤上一个小艇。当看见一线陆地时，罗莎琳穿着救生衣率先跳入水中，向陆地游去。由于海中风浪太大，她只好抓住一块木板随波逐流。

这时，有一条 2 米多长的鲨鱼冲了过来，用尖利的牙齿把她的救生衣撕得粉碎，然后围着她团团转。突然，另一条鲨鱼从她身下钻了出来，在她身边上蹿下跳。罗莎琳吓坏了。但是，结局绝不是她当时想象的那样悲惨，两条鲨鱼竟一边一个地把她夹在中间，并用头推着她前进。天亮时，她又发现周围有四五条不怀好意的鲨鱼，每当这些鲨鱼冲过来要吃她时，两个"保镖"便冲出去把它们赶走，奋不顾身地保驾。直到当天黄昏时，罗莎琳才被救援的直升机救走。她向下看，两条救命的鲨鱼已无影无踪了。

罗莎琳在医院里得知，这一带是鲨鱼出没的海域，跟她一起跳下水的其他人早已葬身鱼腹。她的奇异遭遇，给生物界留下一个谜：水中恶魔怎么会怀有"菩萨心肠"，不吃人反而救人呢？

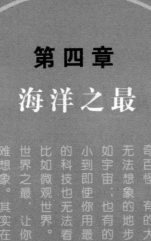

第四章

海洋之最

世界上的万物总是千奇百怪，有的大到你无法想象的地步，比如宇宙，也有的物体小到即使你用最先进的科技也无法看到，比如微观世界。这些世界之最，让你人很难想象。其实在海洋中，也有很多「最」。

最大的海与最小的海

珊瑚海是太平洋的一个边缘海，是世界上最大的海，以生长美丽的珊瑚而闻名。它位于太平洋西南部，西部紧靠澳大利亚大陆东北沿岸一带，北缘和东缘为伊里安岛、新不列颠岛、所罗门群岛和新赫布里底群岛等岛屿所包围；南部大致以南纬30°线与太平洋另一边缘海塔斯曼海相邻接。海域总面积广达479.1万平方千米，是世界上最大的边缘海，比世界第二大海阿拉伯海还要大1/4。珊瑚海是介于伊里安岛和所罗门群岛之间的一部分海域，有时又称所罗门海。

珊瑚海不仅以大著称，还以海中发达的珊瑚礁构造体而闻名遐迩。这里的海水既平静又洁净，水温变化不大，是一个典型的热带海，最热月2月表层平均水温可达28℃，8月也有23℃，全年水温都在20℃以上。海中富含浮游生物和海藻，极适于珊瑚虫的生长繁殖。礁体的"建筑师"珊瑚虫，是一种水栖型动物，呈圆筒状单体或树枝状群体，靠捕捉浮游生物和海藻为生。珊瑚外层能分泌石灰质骨骼，大量的珊瑚虫死后的遗骸聚集在一起便成为礁体。

珊瑚海的海底大致由西向东倾斜，海底的若干海盆、浅滩和海底山脉纵横交错，有不少地方深达3000～4500米。所罗门群岛和新赫布里底群岛内侧有一条狭长深邃的海沟，是全海域最深的地方，最大深度达到9140米。珊瑚海的平均水深为2394米，在各海中不算显著，但因其面积极为广袤，海水总体积高达1147万立方千米。比阿拉伯海多9%，水量约为我国东海的43倍。

珊瑚海海水的含盐度和透明度很高，水呈深蓝色。在大陆架和浅滩上，以岛屿和接近海面的海底山脉为基底，发育了庞大的珊瑚群体，形成了一个个色

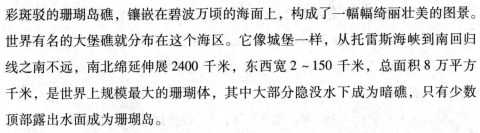

彩斑驳的珊瑚岛礁，镶嵌在碧波万顷的海面上，构成了一幅幅绮丽壮美的图景。世界有名的大堡礁就分布在这个海区。它像城堡一样，从托雷斯海峡到南回归线之南不远，南北绵延伸展 2400 千米，东西宽 2～150 千米，总面积 8 万平方千米，是世界上规模最大的珊瑚体，其中大部分隐没水下成为暗礁，只有少数顶部露出水面成为珊瑚岛。

位于亚欧两洲之间的马尔马拉海东西长 270 千米，南北宽约 70 千米，面积为 11 000 平方千米，只相当于我国的四五个太湖那么大，是世界上最小的海。

马尔马拉海位于亚洲小亚细亚半岛和欧洲的巴尔干半岛之间，是欧亚大陆之间断层下陷而形成的内海。海岸陡峭，平均深度 183 米，最深处达 1355 米。原先的一些山峰露出水面变成了岛屿。岛上盛产大理石，希腊语"马尔马拉"就是大理石的意思。海中最大的马尔马拉岛，也是用大理石命名的。

马尔马拉海东北端经博斯普鲁斯海峡通黑海，西南经达达尼尔海峡通地中海和大西洋，是欧、亚两洲的天然分界线，地理位置十分重要。

最曲折的麦哲伦海峡

在南美大陆和火地岛之间，有一条十分迂回曲折的海峡。它的西段呈西北—东南走向，中段南北走向，东段又从西南折向东北，自西至东，拐了一个直角弯。中、西段的海岸也很曲折。两岸陡壁耸立，海岬、岛屿密布。峡中风大雾多，潮高流急，多漩涡逆流，海上时有浮冰，不利于航行。所以这里一直是一个人迹罕至的海域，大西洋和太平洋被分隔在海峡两边。16 世纪，葡萄牙航海家麦哲伦自信在此终有一条通往"南海"（太平洋）的航道。他于 1519 年 9 月 20 日率领一支般队开始航行。到达南美洲东海岸后，沿着海岸前进，在第

二年 10 月 21 日进入他要寻找的海峡。经过一个多月的艰难航程，战胜了死亡的威胁，终于在 11 月 28 日驶出海峡，进入风平浪静的太平洋，为第一次环球航行开辟了正确的航道。后人为了纪念麦哲伦对航海事业作出的贡献，把这段海峡称为麦哲伦海峡。

麦哲伦海峡全长 592 千米，宽窄悬殊，深浅差别也很大。最宽的地方有 33 千米，最狭处仅 3 千米左右；最深处在 1 千米以上，最浅的地方只有 20 米。两侧岩岸陡峭、高耸入云，每到冬季，巨大冰川悬挂在岩壁上，景象十分壮观，每逢崩落的冰块掉入海中，会发出雷鸣般巨响并威胁船只航行。东段开阔水浅，主航道最浅处只有 20 米，两岸是绿草如茵的草原景观。海峡处于南纬 50 多度的西风带，强劲而饱含水汽的西风不仅给海峡地区带来低温、多雨和浓雾，而且造成大风、急浪，是世界闻名的猛烈风浪海峡，不利于航运发展，但在巴拿马运河开通前，是南大西洋和南太平洋间的重要航道。当年麦哲伦率领船队在海峡航行时，夜晚曾见南边岛屿上升起一个个火柱。这是印第安人点燃的烽火，因此这个岛屿也就被称为"火地岛"。火地岛是海峡南边的最大岛屿，面积 4.8 万平方千米，东部属阿根廷，西部属智利。

麦哲伦海峡的一些港湾可停泊大型舰只。因为航道曲折艰险，自从巴拿马运河通航后，来往大西洋和太平洋之间的船只一般不再经过这里。

麦哲伦海峡沟通世界两大洋，但它最让人感兴趣的是智利南端的海港彭塔阿雷纳斯，这是一个风景秀丽的城市，堪称镶嵌在麦哲伦海峡上的一颗明珠。漫步在彭塔阿雷纳斯的繁华闹市，可以发现智利这座最南端的城市既有浓郁的南美色彩，又受到欧洲文化的深刻影响。这里的居民多是欧洲后裔，城市风貌，居民的衣着和房屋的建筑无不具有欧洲特征。住宅多为二层小楼，造型典雅，形式多样，小小的庭院有几棵树，一片草坪和小巧玲珑的花坛，既美观又舒适。

繁华市区的市面很热闹，有各种超级市场和专门经销外国货的商店，如英国商店，印度商店等。市区以东还开辟了一个面积很大，装修豪华的自由贸易区，进口大批国外最时髦的高档商品，价格也相当昂贵。十字街头和绿地之间，到处矗立着造型典雅的雕塑，最有名的便是市中心武器广场屹立的麦哲伦铜像，手持望远镜，腰挂佩剑，以无比欣喜的目光，注视着在他面前展现的海峡和海峡两岸的土地。

最深和最浅的海

白令海位于太平洋北部边缘，在阿拉斯加、西伯利亚和阿留申群岛的环抱之中。公认的北部以北极圈与楚科奇海的分界线为界，但更确切的北界线应以白令海的最狭窄口为界。南部规定以阿拉斯加半岛的卡布奇角经阿留申群岛，到科曼多尔群岛的南端，再到堪察加角的连线为界。这样，就把阿拉斯加和堪察加之间的所有水域都包括在内了。白令海总面积为230.4万平方千米，平均水深为1598米，总容积为368.3万立方千米，最大水深为4420米。

已有证据表明，最早考察白令海的是俄国哥萨克人迭日涅夫。据报告，1648年，迭日涅夫和一个小队从东西伯利亚海的科雷马河河口出发，向东航行，绕过东角（迭日涅夫角），经过白令海峡，驶进白令海，并向西到楚科奇半岛南端的阿纳德尔河口。当然，白令海是以丹麦航海探险家白令的名字命名的。在1724～1749年的北方大考察时，他在俄国海军工作。1728年，白令离开了他在鄂霍次克海的临时工作区，驶过白令海，往北通过白令海峡，进入南楚科奇海。1778年，库克船长乘"决心号"向北航行，通过白令海峡，成为第一个穿过北极圈和南极圈的人。

白令海是太平洋最北部的一个边缘海。白令海一名最早出现于1778年，是由丹麦航海家维图斯·白令的名字演化来的。维图斯·白令1725～1728年在俄国服役期间，在俄国彼得大帝的授命下，两次来到这个海区，探测亚洲和美洲是否在此相连。第二次出航，白令率30名控测队员到达美洲，在阿拉斯加南部

登陆，但返航时所乘"圣彼得号"船不幸触礁沉没，白令和探测队员全部遇难。1778 年，英国库克探险队的队员福斯到此海考察，并正式以"白令海"一词命名此海。

白令海的海底可分为两个区域。东北半部完全为陆架，是世界上最大的陆架之一。离岸最远可延伸到 643 千米。经白令海峡伸向楚科奇海地区，陆架浅于 200 米，使流入北极海盆的海水仅限于表层水。第二个区域为西南半部，由深水海盆组成，最大深度为 4420 米。海盆的海底非常平坦，水深为 3800～3900 米，且被两支海脊分隔开。奥利伍托斯基海脊，起自北部，贯穿着整个海盆；另一支为独特的拉特岛海脊，起自阿留申岛，按逆时针方向盘绕着海盆。这两支海脊把深水区域分隔成东、西两个海盆。在这深海盆内，还有沉淀得很快的沉积海盆；该海盆在玄武基岩上已覆盖着 2000～4000 米深的沉积物。

白令陆架还从平坦的海底抬升起几个岛屿，有著名的圣劳伦斯岛、努尼瓦克岛和普里比洛夫群岛。陆架的边缘以 4°～5°坡度下倾。在阿留申岛链的东南角，陆架深深地被白令峡谷所割裂，该峡谷长度超过 161 千米，宽度在 32 千米以上，深深地切入，并有 50 多条支谷。这可能是世界上最大的海底峡谷了。在峡谷的两侧，到处都有 1829 米高的谷壁，矗立于平缓倾斜的海底之上。白令陆架的沉积物是由砂和淤积于坡麓的砾石组成的。反之，在深海盆却覆盖着硅藻软泥。

白令海的气温，冬季为-25℃，夏季为 10℃。冬季，海冰封冻着 90% 的海域，但夏季却完全无冰。

白令海的海流是由风引起的。流入该海的有从阿留申岛链流入的太平洋水，潮流还有从江河流入的淡水。深海盆的海流模式主要为气旋式环流。一部分向北经白令海峡流出，另一部分返回流入太平洋。陆架上的海流，除了阿拉斯加近岸外，基本上都受潮汐影响。许多江河流入的淡水，都向北经白令海峡流入楚科奇海。

白令海的海洋生物非常丰富。浮游生物有两个最旺盛的生长季节，一个在春季，另一个在秋季。它们主要以硅藻为主，为食物链提供了基本保证。使白令海成为很有价值的渔场的主要是巨蟹、虾和300多种鱼类，尤其是其中的25种鱼类更有经济价值，譬如虎鲸、白鲸、喙鲸、黑板须鲸、长须鲸、露脊鲸、巨臂鲸和抹香鲸等鲸类都很丰富。不过，受到海洋环境恶化等多种因素的影响，鲸已成为地球上的珍稀物种。国际捕鲸委员会（IWC）等环保组织一直在强烈呼吁世界各国政府制定法规禁止对鲸的捕杀。虽然日本、挪威等国仍然在有组织地捕捞鲸鱼，但包括中国在内的多国政府都明确了对鲸鱼实施法律保护的态度。普里比洛夫群岛和科曼多尔群岛是海豹的繁殖场，海獭、海狮和海象也众多。

亚速海是乌克兰和俄罗斯南部海岸外的内陆海。向南通过刻赤海峡与黑海相连，形成黑海的向北延伸。亚速海长约340千米，宽135千米，面积约37 600平方千米。顿河、库班河和许多较小的河流注入其中。亚速海平均深度8米，最深处也只有14米，是世界上最浅的海。

由于顿河和库班河夹带大量泥沙，致其东北部塔甘罗格湾水深不过1米。这些大河的流入使海水盐分很低，在塔甘罗格湾处几乎是淡水。海底地形普遍平坦，西、北、东岸均为低地，其特征是漫长的沙洲，很浅的海湾，南岸大都是起伏的高地。由于海水浅，混合状态极佳且温暖，河流也带来大量营养物质，因而海洋生物丰富，沙丁鱼格外多。亚速海的客货运量都很大，主要港口为塔甘罗格、马里乌波尔、叶伊斯克和别尔江斯克。

最古老的海——地中海

当我们打开世界地图，可以看到，在欧、亚、非洲之间有一个海，就是地中海。它是世界上最大的陆间海。东西长约4000千米，南北宽约1800千米，面积约250多万平方千米。地中海西边有21千米宽的直布罗陀海峡，穿过它就到大西洋；东边可以通过苏伊士运河进印度洋，东北部通过达达尼尔海峡、博斯普鲁斯海峡，与黑海相连。地中海的属海有伊奥尼亚海、亚得里亚海、爱琴海等。意大利半岛、西西里岛、突尼斯和它们之间的水下海岭，把地中海分成东西两半。地中海沿岸国家有：阿尔及利亚、突尼斯、利比亚、埃及、以色列、黎巴嫩、叙利亚、土耳其、希腊、阿尔巴尼亚、南斯拉夫、克罗地亚、意大利、西班牙、法国、葡萄牙和摩洛哥等。

地中海气候独特，夏季干热少雨，冬季温暖湿润。这种气候使得周围河流冬季涨满雨水、夏季干旱枯竭。世界上这种类型气候的地方很少，据统计，总共占不到2%。由于这里气候特殊，德国气象学家柯本在划分全球气候时，把它专门作为一类，叫地中海气候。

尽管有诸多的河流注入地中海，如尼罗河、罗纳河、埃布罗河等，但由于它处在副热带，蒸发量太大，远远超过了河水和雨水的补给，使地中海的水，收入不如支出多，海水的咸度比大西洋高得多。大西洋的水，由直布罗陀海峡上层流入地中海，地中海的高盐水，从海峡的下层流入大西洋。大西洋很大，水量充足，净流入地中海的水是很多的，每秒钟多达7000立方米。要是没有大西洋源源不断地供水，大约在1000年后，地中海就会干枯，变成一个巨大的咸凹坑。

现在，地中海是大西洋的附属海。但是，在地质史上，它比大西洋的"资格"还老。大约在 6500 万年以前，古地中海是一个辽阔的特提斯海。它的范围很大，向东穿过喜马拉雅山，直通古太平洋。那时，它仅次于太平洋，大西洋还没形成呢！后来，北面的欧亚板块与南方的印度板块漂移并靠近，撞在了一起，挤出一个喜马拉雅山，特提斯海从此便退缩成现在的地中海。

地中海沿岸，是航海文明的发祥地之一。腓尼基人、克里特人、希腊人以及后来的葡萄牙和西班牙人，都是航海业很发达的民族，许多伟大的航海家诞生在这里。发现美洲的哥伦布、打通大西洋与印度洋航线的达伽马、第一次环球航行的麦哲伦，都是杰出的代表。同时，著名的欧洲文艺复兴运动，也是在这里首先发起的。日心说的创始人哥白尼、伟大的物理学家伽利略也诞生在这里。这里的人民为人类近代科学文明的进步，作出过重要贡献。

最咸的海——红海

红海是世界最咸的海，盐度高达 43‰，其中运河附近盐度高达 44.2‰。

红海位于非洲东北部与阿拉伯半岛之间，形状狭长，从西北到东南长 1900 多千米，最大宽度 306 千米，面积 45 万平方千米。红海北端分叉成两个小海湾，西为苏伊士湾，并通过贯穿苏伊士地峡的苏伊士运河与地中海相连；东为亚喀巴湾。按海底扩张和板块构造理论，认为红海和亚湾是海洋的雏形。据研

究：红海底部确属海洋性的硅镁层岩石，在海底轴部也有如大洋中脊的水平错断的长裂缝，并被破裂带连接起来。

非洲大陆与阿拉伯半岛开始分离在2千万年前的中新世，目前还在以每年1厘米的速度继续扩张。红海两岸陡峭壁立，岸滨多珊瑚礁，天然良港较少。整个红海平均深度558米，最大深度2514米。红海受东西两侧热带沙漠夹峙，常年空气闷热，尘埃弥漫，明朗的天气较少。降水量少，蒸发量却很高，是世界上水温和含盐量最高的海域之一。8月表层水温平均27～32℃。

红海今名是从古希腊名演化而来的，意译即"红色的海洋"。此名称的来源，解释甚多。

其一是用海水的颜色来解释红海的名字。这种解释又分为三种观点：有的说红海里有许多色泽鲜艳的贝壳，因而使水色深红；有的认为红海近岸的浅海地带有大量黄红色的珊瑚沙，使得海水变红；还有的说红海是世界上温度最高的海，适宜生物的繁衍，所以表层海水中大量繁殖着一种红色海藻，使得海水略呈红色，因而得名红海。

其二是认为红海两岸岩石的色泽是红海得名的原因。远古时代，由于交通工具和技术条件的制约，人们只能驾船在近岸航行。当时人们发现红海两岸特别是非洲沿岸，是一片绵延不断的红黄色岩壁，这些红黄色岩壁将太阳光反射到海上，使海上也红光闪烁，红海因此而得名。

其三是将红海的得名与气候联系在一起。红海海面上常有来自非洲大沙漠的风，送来一股股炎热的气流和红黄色的尘雾，使天色变暗，海因而呈暗红色，所以称为红海。

其四是古代西亚的许多民族用黑色表示北方，用红色表示南方，红海就是"南方的海"。

红海含盐度平均40%以上，是世界含盐度最高的海洋。为什么红海的盐度会如此之高呢？这主要是由它所处的地理环境所造成的。

其一是红海属印度洋的内海，位于非洲东北部与亚洲阿拉伯半岛之间，形状狭长，东部狭窄的曼德海峡同印度洋相连，西部为深度不大的苏伊士运河与地中海相通。整个海区较为闭塞，不易同地中海和印度洋的水体进行交换。

其二是红海地处炎热干燥的沙漠地区，常年盛吹来自大陆的西北风，海面经常空气闷热，尘埃弥漫，降水稀少，年降水量南部在 250 毫米以下，北部只有 25 毫米。降水量如此之小，而蒸发量大得惊人，每年蒸发的水层厚达几米，周围又很少有河流注入。再加上红海的海底是地球的地热出口处，海水温度高，加剧了海水的蒸发。

红海的海水不能与地中海和印度洋的水体进行交换，同时降雨又少，蒸发量大，因此红海就变成世界含盐度最高的海洋。

最淡的海——波罗的海

世界海水平均含盐度为 35‰，而欧洲的波罗的海却远远不及，靠近外海的地方为 20‰，中部海域为 6‰ ~ 8‰；而北部只有 2‰，几乎同淡水差不多。

波罗的海是欧洲北部内海，位于斯堪的纳维亚半岛、日德兰半岛和欧洲大陆之间，近于封闭。仅西部经厄勒海峡、卡特加特和斯卡格拉克海峡与北海相通。面积约 42 万平方千米，平均深度 86 米，最大深度 459 米。

波罗的海及其周围区域从第三纪以后经历了陆地和水域的多次相互交替，在最后一次冰期结束，冰川大量融化后形成。波罗的海的形状呈三岔形，向东伸入芬兰和爱沙尼亚、俄罗斯之间的称为芬兰湾，向北伸入芬兰与瑞典之间的名波的尼亚湾，主体从北纬 60° 向南到北纬 54° 附近折向西，通过丹麦与瑞典间狭窄海峡连接北海。

海岸复杂多样，南部和东南部是低地，多平直的砂质海岸、河湖海岸；北部则以高陡岩礁型海岸为主，海岸曲折、港湾众多，港外还散布着奇形怪状的

小岛和暗礁。海底沉积物主要是沙、黏土和冰川软泥。

波罗的海位于温带海洋气候向大陆气候的过渡区，全年盛行西风，秋冬季节常常出现风暴。由于北大西洋暖流难以进入波罗的海，海水得不到调节，致使冬季气温比较低，而且南北差异较大；夏季气温不高，且南北差异很小。1月平均气温南部为-1.1℃，北部降为-10.3℃；7月平均气温南部和北部分别为17.5℃和15.6℃。海区表层水温也是由南向北逐渐降低。8月西南海区水温为20℃，中部为14~18℃，东部芬兰湾为15~17℃，而北部波的尼亚湾为9~13℃；2~3月除南部水温在1~3℃外，绝大部分海区都在0℃以下，出现结冰现象。北部波的尼亚湾和芬兰湾每年结冰期达3~6个月之久，冰层厚度平均65厘米，波的尼亚湾顶的大冰层有时厚10多米，给海上运输造成困难。

波罗的海气候的另一特点是年降水量大于年蒸发量。北部海区年均降水量约500毫米，南部地区超过600毫米。个别海域可达1000毫米。而海区年均蒸发量只有350~400毫米。同时，海区周围又有大小250条河流注入大量淡水，结果大大淡化了海水的盐度，是世界海水含盐度最低的海。此外，由于形成的时间还不长，这里在冰河时期结束时还是一片被冰山淹没的汪洋，后来大水向北极退去，最低洼的谷地形成了现在的波罗的海，水质本来就比较好；大西洋和波罗的海的通道又浅又窄，阻碍了波罗的海与大西洋之间的海水交换，高盐度的海水不易进来。这些也是波罗的海盐度低的原因。

海域内水量收入大于支出，使波罗的海水位高于北海，造成波罗的海盐度较小的海水从表层经过海峡流入北海，而北海盐度较大的海水从底层经海峡流入波罗的海，而且流出量大于流入量，以维持波罗的海水量的动态平衡。波罗的海潮汐为不正规的半日潮、不正规全日潮和正规全日潮，潮差变化不大，为4~10厘米。

波罗的海是沿岸国家之间以及通往北海和北大西洋的重要水域，并通过白海—波罗的海运河与白海相通，通过列宁伏尔加河—波罗的海水路与伏尔加河相连。沿岸较大港口有圣彼得堡、斯德哥尔摩、罗斯托克、什切青和格但斯克。

最大的内海——加勒比海

在北大西洋，有一个以印第安人部族命名的大海，它的名字叫"加勒比海"，意思是"勇敢者"或是"堂堂正正的人"。

加勒比海的四周几乎被中南美洲大陆和大小安的列斯群岛所包围，西北通过尤卡坦海峡与墨西哥相连。加勒比海东西长约2735千米，南北宽805～1287千米，总面积为275.4万平方千米，容积为686万立方千米，平均水深为2491米。现在所知的最大水深为7100米，位于开曼海沟。它是世界上最大的内海，有人曾把它和墨西哥湾并称为"美洲地中海"。

加勒比海也是沿岸国最多的大海。在全世界50多个海中，沿岸国达两位数的只有地中海和加勒比海两个。地中海有17个沿岸国，而加勒比海却有20个，包括中美洲的危地马拉、洪都拉斯、尼加拉瓜、哥斯达黎加、巴拿马，南美洲哥伦比亚和委内瑞拉，在安的列斯群岛的古巴、海地、多米尼加共和国以及小安的列斯群岛上的安提瓜和巴布达、多米尼加联邦、特立尼达和多巴哥等。

加勒比海的西部和南部与中美洲及南美洲相邻，北面和东面以大、小安的列斯群岛为界。其范围定为：从尤卡坦半岛的卡托切角起，按顺时针方向，经尤卡坦海峡到古巴，再到伊斯帕尼奥拉（海地、多米尼加共和国）、波多黎各，经阿内加达海峡到小安的列斯，并以沿这些群岛的外缘到委内瑞拉的巴亚角的连线

119

为界。尤卡坦海峡峡口的连线是加勒比海与墨西哥湾的分界线。

中、南美洲的锯齿形弯曲岸线，把本海区分成几个主要水域：危地马拉和洪都拉斯沿岸外方的洪都拉斯湾，巴拿马近岸的莫斯基托湾，巴拿马科隆附近的巴拿马运河，巴拿马和哥伦比亚边境的达连湾，委内瑞拉北部马拉开波湖口外的委内瑞拉湾，以及委内瑞拉和特立尼达岛之间的帕里亚湾。中美的多数河流都流入加勒比海，但南美的大部分河流都汇合于奥里诺科河，并于西班牙港的正南流入大西洋。加勒比海的主要进出口是尤卡坦与古巴之间的尤卡坦海峡、古巴与伊斯帕尼奥拉之间的向风海峡、伊其帕尼奥拉与波多黎之间的莫纳海峡、维尔京群岛与马丁海峡之间的阿内力达海峡，以及多米尼加岛以北的多米尼加海峡。各个海峡的水深都在 100 米多深。

加勒比海盆被若干海脊分隔，使海盆与海沟成交错分布。最北的尤卡坦海盆，水深约为 5000 米，北以 220 千米宽的尤卡坦海峡为界，南有开曼海脊与开曼海沟分隔开。该海脊从古巴直达中美近岸，其东部露出海面的就是开曼群岛。开曼海沟相当狭窄，加勒比海的最大水深（7100 米）就在这里。再往南，有较宽的楔形尼加拉瓜海隆，把海沟与哥伦比亚海盆分开，牙买加岛就在此海隆之上。哥伦比亚海盆深达 3666 米，与委内瑞拉海盆相连接，再往东就是北委内瑞拉海沟。但从伊斯帕尼奥拉往西，有贝阿塔海脊把哥伦比亚海盆与委内瑞拉海盆分开。委内瑞拉海盆水深为 5058 米，与狭窄而又弯曲的阿韦斯海隆相邻接。

加勒比海平均水深 2490 米，是南北美洲的航行要道。1914 年巴拿马运河凿通后，这里更处于大西洋和太平洋航道的要冲。

加勒比海的海水盐度适中，海洋生物丰富，盛产金枪鱼、沙丁鱼等鱼类，是拉丁美洲的三大渔场之一。海底还蕴藏着大量的石油和天然气。

岛屿最多的海——爱琴海

爱琴海是地中海的一个大海湾，是克里特和希腊早期文明的摇篮，位于希腊半岛和小亚细亚之间。长 611 千米，宽 299 千米，面积 21.4 万平方千米。东北通过达达尼尔澳海峡、马尔马拉海和博斯普鲁斯海峡与黑海相连，南至克里特岛。其最深处在克里特岛东面，达 3543 米。盛行北风，但每年 9 月到次年 5 月有时刮温和的西南风。希腊半岛与埃维亚岛之间的海潮以凶猛多变闻名于世。表层海水夏温达 24℃，冬温度 10℃。在 490 米深处，温度波动在 14～18℃。从黑海流向爱琴海东北的大量低温水流，对爱琴海的水温产生一定影响。黑海水流含盐量少，降低了爱琴海海水的咸度。海中缺少营养物，故而生物稀少。但海水清澈平静，温度很高，因而有大量鱼群从其他地区游来产卵。

爱琴海中岛屿众多，共有大小约 2500 个岛屿，是世界上岛屿最多的海，过去亦名多岛海。大部分岛屿多岩石，十分贫瘠。北部岛屿一般比南部岛屿树木繁茂。

爱琴那岛是距离雅典最近的一个岛屿，航程仅需一个半小时。这里曾是美丽的人间仙境，宙斯最动人的情妇就在此，也许那满山遍野的无花果树就是当年他们爱情的果实。真正让爱琴那岛扬名的是拯救希腊的萨拉密斯。2480 年前，波斯王泽尔士率领庞大水师进犯希腊，蝗虫般的舰只遮天蔽日。小小的雅典城邦危如累卵，但是，希

腊有他们的英明统帅铁米斯托克力思，是他，率领精悍的水师在萨拉密斯水路一举消灭了3倍于己的战舰，让希腊的太阳重新升上天空。岛上建于公元前6世纪末5世纪初的阿菲亚神庙，是希腊古典时代后期典型代表建筑。

伊兹拉岛离雅典约3个多小时的航程，小岛细长细长的，干干净净的小巷里，毛驴载着游人悠闲地晃来晃去。白的墙、蓝的窗、粉红的屋顶，衬得小岛越发的可爱。小院里不时探出一丛丛红花、紫花，柠檬树上结满了明黄的柠檬果，累累的，压得枝头都弯了。这里海水的透明度是最高的，而且，海岸上有许多深入岛内的河口、海湾。这些僻静的河口是那些喜欢独处的游人游泳的好去处。

18－19世纪，伊兹拉的海上贸易非常发达，有不少的商人因此腰缠万贯。在1821年开始的独立战争中，他们武装自己的船队，积极投入作战，作出了巨大贡献。直到现在，伊兹拉岛在希腊人的心目中依旧是英雄的岛屿。岛上有不少豪宅大院，都是这些富商的家产，也是岛上的风景之一。因为小岛宁静优美，自古以来便有世界各地的年轻艺术家来到此地从事艺术创作，因此有"艺术家之岛"之称。他们制作的金银首饰、玻璃瓷器、装饰品都摆出来任人选购，在这里常常会看到一些造型独特的工艺品。

波罗斯岛是座风光秀美的岛上山城，山城上点缀着柠檬树和橄榄，青翠葱茏中掩盖着清晰明亮的白色屋檐。岛上的建筑以白色为主，样式古拙，在白墙的氛围中不时透出烂漫的花丛，云涛海浪中，一条石板的甬道蜿蜒而上，渐行渐远，延展到了历史记忆的深处。

以风车作标志的米其龙士岛是爱琴海群岛的代名词。窄巷、小白屋或红或绿或蓝的门窗、小白教堂，海滨广场旁白色圆顶教堂不远的几座风车磨坊，更使它成为各岛中的佼佼者。

米其龙士岛是希腊南部基克拉泽群岛中的一座，也是爱琴海上最享盛名的度假岛屿之一。岛上居民很少，每年大约半年的非旅游时间，岛上相当安静。4月以后，旅游季节开始了，来自世界各地的游客就像候鸟一样络绎不绝地飞来岛上，享受地中海的阳光和海滩。

从米其龙士岛乘船到仙度云尼岛约需 5 小时航程。来到以后，才知道很多观光手册和旅行社都把米其龙士岛和仙度云尼岛作为推荐给游客的首选，是不无道理的。据说，该岛位于世界两大大陆板块最深的海沟之间，原来是圆形的。3500 年之前的一次火山爆发，岛屿被震出一个大洞，一大块月牙形的就成了主岛，周围还有几个小岛，其中一个小岛纳亚卡美尼，至今还是活火山。

最大的洋流——墨西哥湾流

在浩瀚的海洋上，奔腾着许多巨大的洋流，它们在风和其他动力的推动下，循着一定的路线周而复始地运动着，其规模比起陆地上的巨江大川则要大出成千上万倍。而所有的洋流中，有一条规模十分巨大，堪称洋流中的"巨人"，这就是著名的墨西哥湾暖流，简称为湾流。

墨西哥湾地处热带和亚热带气候区，地形封闭，几乎同外界隔绝。水温和盐度较高，夏季水温高达 29℃，近海岸水温达 37℃，冬季为 18～24℃；盐度为 3.65%。汇集到墨西哥湾的南北赤道暖流，绕海湾兜了一个大圈，形成墨西哥湾暖流。墨西哥湾暖流从佛罗里达海峡流入大西洋，先沿着北美洲东海岸向北流到纽芬兰岛附近，然后折向东横过大西洋到达欧洲西海岸。至此，洋流分成两支，向北的北大西洋暖流一直远征到北冰洋的巴伦支海；向南的一支叫加那利寒流，最终又回到了赤道附近。

墨西哥湾暖流规模十分巨大，它宽 100 多千米，深 700 多米，总流量 7400 万～9300 万立方米/秒，比世界第二大洋流——北太平洋上的黑潮要大将近 1 倍，比陆地上所有河流的总量都要超出 80 倍。若与我国的河流相比，它大约要相当于长江流量的 2600 倍，或黄河的 57 000 倍。墨西哥湾暖流流动速度最快时

每小时 9.5 千米，200 米深处流动速度约每小时 4000 米。湾流水温很高，特别是冬季，比周围的海水高出 8℃。刚出海湾时，水温高达 27~28℃，它散发的热量相当于北大西洋所获得的太阳光热的 1/5。它像一条巨大的、永不停息"暖水管"一样，携带着巨大的热量，温暖了所有经过地区的空气，并在西风的吹送下，将热量传送到西欧和北欧沿海地区，使那里成为暖湿的海洋性气候。

而它的发源地因濒临墨西哥，故得名墨西哥湾。海湾的东部与北部是美国，西岸与南岸是墨西哥，东南方的海上是古巴。墨西哥湾经过佛罗里达海峡进入大西洋；经过尤卡坦海峡与加勒比海相连接。面积约 150 万平方千米。平均水深约 1500 米，最深处超过 5000 米。

海湾沿岸曲折多湾，岸边多沼泽、浅滩和红树林。海底有大陆架、大陆坡和深海平原。北岸有著名的密西西比河流入，把大量泥沙带进海湾，形成了巨大的河口三角洲。在尤卡坦海峡，有一条海槛，位于海面下约 1600 米深，作为墨西哥湾和加勒比海的分界。

墨西哥湾汇聚了北赤道洋流和南赤道洋流的一部分，还接纳了被信风不断驱赶进来的大西洋暖水，使湾内水位比附近海面高得多，海湾变成一个巨大的热水库。湾内暖水从佛罗里达海峡流出，成为墨西哥暖流的重要源地。墨西哥湾的潮汐，是每天一涨一落的全日潮；潮差一般很小，只有在台风季节，潮水受台风的驱赶，引起海水陡升，成为风暴潮，水位有时高达 5 米，会对沿岸洼地造成威胁，特别是湾北岸的风暴潮较多。

墨西哥湾沿岸的佛罗里达半岛，南北长 600 多千米，东西宽 200 千米。西班牙人彭赛·德·雷翁发现时，看到半岛鲜花盛开，绚丽多彩，他便起名为"佛罗里达"，西班牙语意思是"鲜花"。这里是美国最温暖的地方，最冷的冬季也有 15℃，是避寒和游览的胜地。尤卡坦半岛的马雅山地，曾是印第安文化的发源地。这里保存有巨大的金字塔，可与埃及的金字塔相媲美。

世界最深的海沟——马里亚纳海沟

马里亚纳海沟是世界最深的海沟，它位于菲律宾东北、马里亚纳群岛附近的太平洋底，其中心位置为北纬 15°、东经 147°30′。其最大深度达 11034 米。如果把世界最高的珠穆朗玛峰放在沟底，峰顶也不能露出水面。

探测深海的奥秘是极其困难的，早已有不少的登山家成功地征服了珠穆朗玛峰，但人类至今无法乘坐潜艇下到海沟深处，海沟底部高达 1100 个大气压的巨大水压对于人类是一个巨大的挑战。深海是一个高压、漆黑和冰冷的世界，通常的温度是 2℃（在极少数的海域，受地热的影响，洋底水温可高达 380℃）。但在深海中仍然生活着一些特殊的海洋生物。有的理论认为深海海沟的形成主要原因是地壳的剧烈凹陷。

一般认为海洋板块与大陆板块相互碰撞，因海洋板块岩石密度大，位置低，便俯冲插入大陆板块之下，进入地幔后逐渐熔化而消亡。在发生碰撞的地方会形成海沟，在靠近大陆一侧常形成岛弧和海岸山脉。这些地方都是地质活动强烈的区域，表现形式为火山和地震。

马里亚纳海沟位于北太平洋西部马里亚纳群岛以东，是一条洋底弧形洼地，延伸 2550 千米，平均宽 69 千米。主海沟底部有较小陡壁谷地——查林杰海渊。1957 年苏联调查船测到 10 990 米深度，后又有 11 034 米的新纪录。1960 年美国海军用法国制造的"的里亚斯特号"探海艇，创造了潜入海沟 10911 米的纪录。

1992 年，日本海洋科技中心耗资 5000 万美元研制出"海沟号"水下机器人。"海沟号"长 3 米，重 5.4 吨，它是缆控式水下机器人，装备有复杂的摄像

机、声呐和一对采集海底样品的机械手。它的研制目标很明确：就是要考察查林杰海渊。

经过数次失败，1995 年 3 月 24 日，"海沟号"机器人被 12 000 米长的一根缆绳缓缓放向海底，母船操作室内的 17 个监视器显示出潜水器发回的图像资料。经过三个半小时的"行进"，"海沟号"到达查林杰海渊底部，这时测深表显示的水深值是 10 903.3 米，修正水深为 10 911.4 米。修正水深是根据水压测定的值，通过含盐量、水温资料修正后的深度。

此后，"海沟号"还进行了试样采集及拍摄等考察活动。人们从它传回的图像中看到：茶色的海底泥土上，有一些白色的像海参一样的生物在蠕动，旁边还游动着数条小鱼。而在此前，确认有鱼的最深水深是 8370 米。

最近，日本海洋研究开发机构地球内部变动研究中心与英国海洋研究所利用深海无人探测器，在探测 10 000 米深的马里亚纳海沟时，从海底的表层堆积物中首次分离出带壳的海生单细胞生物——有孔虫类。

这些从海底表层堆积物中分离出的有孔虫类，平均每平方厘米有 449 只。其中 85% 以上的有孔虫类呈细长袋状并具有柔软外壳。它们在分类学上全部是未记载的新种类，通过遗传基因分析显示，新发现的带壳有孔虫类与现在海洋中常见的带壳种类大约在 8 亿～10 亿年前走上了两条进化道路，可称为海底的活化石。这一结果发表在的美国《科学》杂志上。

深海海底是黑暗、低温、高压和营养极度贫乏的极限环境，与太空一样，是人类很难到达的地方。科学家一直认为，海洋生物在浅海分化后，经过进化有了巨大变化，而在深海海底存在很多仍然保持着远古特征的生物种类，因此希望通过观测深海底的堆积物与水境界的动态，了解地层的远古环境动态。此次研究成果证明，在世界海洋最深处生存着 8 亿～10 亿年前走向不同进化道路

的有孔虫类，这一结论支持了上述理论。

该成果为今后揭开 1.1 万米深处生存的生物机能及海洋、地壳表层的物质循环所起的作用等未知领域有重要意义。一般认为，海沟中生存的生物群，是依靠光合成为主的生态系统，但由于深海处饵食缺乏，这种极限环境下生存的真核生物，可能与细菌共生以摄取营养。今后，通过遗传基因分析及利用电子显微镜进行组织学研究，可了解深海极限环境下生物的环境适应机理以及与细菌共生的生理构造，对发现可利用的机能遗传基因有积极意义。

由于深海海底存在各种形状的海沟，最近的研究预示，在不同的海沟中分布有不同种类的生物群体，这一研究能够了解海沟的产生与海沟生物群体的进化，并能填补生命发展史上的空白。

最大的海底山系

大西洋底部存在世界上最长的山系。这个事实直到 19 世纪后期才被人类发现。1866 年，在铺设横越大西洋的海底电缆时，发现大西洋底的中部水浅而两侧水深。第一次世界大战后，德国人为了偿还债务，梦想从海水中采金。于是建造了一艘"流星号"考察船远赴大西洋考察作业。结果黄金没有找到，却收集了一大批珍贵的海洋资料。他们用超声波装置对大西洋底探测的结果显示，大西洋底有一条从北到南的海底山脉。山脉的高点露出海面形成了亚速尔群岛、阿松森群岛。

1956 年，美国学者尤因和希曾首先提出，全球大洋洋底纵贯着一条连续不断的全长达 6.4 万千米的中央山系，又叫做大洋中脊。中央山系比大洋盆地高 1～2 千米。中央山系的宽度为 1000～2000 千米，最宽处可达 5000 千米。大洋

山系的总面积约占海洋总面积的30%。其中，大西洋山系北起北冰洋，向南呈S形延伸，在南面绕过非洲南端的好望角与印度洋山系的西南支相连。印度洋山系的东南支向东延伸与东太平洋山系相连。东太平洋山系北端进入加利福尼亚湾。印度洋山系北支伸入亚丁湾、红海与东非内陆裂谷相连。大西洋山系向北延伸到北冰洋，最后潜入西伯利亚。洋底山系全长可以绕地球一圈半。

经过细致测量，人们发现大洋中脊上有一条1~2千米宽的裂谷。为了揭开海底的地质演变奥秘，人们曾经多次下潜到大洋中脊的裂谷中进行实地勘测。在1972~1974年，法国和美国的科学家在地质学家勒皮雄的领导下，使用深潜器观测到了大洋中脊的裂谷。

大西洋同太平洋不同，它四周的陆地多是广阔的平原、高原和不太高的山岭，而洋底的地形却比较复杂。海岭的中央地带最高，也最陡峭，山峰距海面只有1500米，有的甚至露出海面成为高峻的岛屿，如亚速尔群岛的山地，从海底升起高出海面2000多米。沿着大西洋海岭的脊部有一条非常陡峭深邃的大裂谷，深度达2000米，宽30~40千米，长1000多千米。它是地壳的一个大裂缝。海岭由许多横向断裂带切断，这些断裂带在地貌上表现为一系列海脊和狭窄的线状槽沟。其中位于赤道附近地区的罗曼在断裂带，全长350千米，深达7864米。是沟通东西两部分大洋底流的主要通道。它把大西洋海岭明显的分为南北两部分。

大西洋海岭和洋底高地分割了海底，在其东西两侧各形成了一系列深海海盆、东侧主要有西欧海盆、伊比利亚海盆、加那利海盆、佛得角海盆、几内亚海盆、安哥拉海盆和开普顿海盆。西侧主要有北美海盆、巴西海盆和阿根廷海盆。在大西洋的南部，还有大西洋—印度洋海盆。这些海盆一般深度在5000米左右，中央很宽广，比较平坦，盆地中堆积着大量的深海软泥。在这些海盆之间，又有几条岭脉、高地突起，有的露出水面形成岛屿。如马德拉群岛、佛得角群岛等。这些海盆约占整个大西洋底面积的1/3。

大西洋边缘地区的梅底地形十分复杂，有大陆架、大陆坡、大陆隆起（海台）、海底峡谷、水下冲积锥和岛弧海沟带。大陆架面积仅次于太平洋的大陆架面积，为620万平方千米。约占大西洋总面积的8.7%。大陆架宽度变化很大，从几十千米到1000千米不等。如几内亚湾沿岸、巴西高原东段、伊比利亚半岛西侧的大陆架，都很狭窄，一般不超过50千米；而在不列颠群岛周围，包括整个北海地区，以及南美南部巴塔哥尼亚高原以东的大陆架，宽度常达1000千米大西洋的大陆坡，各海域也不相同。沿欧、非洲的陡峻狭窄，沿美洲的较宽较缓。在大西洋海底大陆坡和深海盆之间，分布着一些大陆隆起，较大的有格陵兰—冰岛隆起、冰岛—法罗隆起、布茵克隆起和马尔维纳斯隆起。在格陵兰岛与拉布拉多半岛之间的中大西洋海底峡谷和密西西比河、亚马孙河、刚果河、莱茵河等河流河口附近，分布着一些半锥状的水下冲积锥，规模一般只有数百平方米。此外，大西洋还有两个岛弧海沟带，即大、小安的列斯群岛的双重岛弧海沟带和南美南端与南极半岛之间的岛弧海沟带。其中大安的列斯岛弧北侧的波多黎各海沟，长达1550千米，宽120千米，深达8648米，是大西洋的最深点。

最大的海湾——孟加拉湾

海洋噬大陆，或是大陆吞噬海洋，结果都会在大陆边缘形成许多海湾。在世界范围内，总面积在100万平方千米以上的海湾有4个，而超过200万平方

千米的只有印度洋东北部的孟加拉湾。孟加拉湾属于印度洋的一个海湾。西嵌斯里兰卡，北临印度，东以缅甸和安达曼—尼科巴海脊为界，南面以斯里兰卡南端之栋德拉高角与苏门答腊西北端之乌累卢埃角的连线为界。南部边界线长约为 1609 千米。安达曼—尼科巴海脊露出海面的部分，北有安达曼群岛，南为尼科巴群岛，把孟加拉湾与东部的安达曼海分开。湾顶有恒河和布拉马普特拉河巨型三角洲。流入该湾的其他河流有印度的默哈纳迪河、哥达瓦里河和克里希纳河。湾内有安达曼群岛、尼科巴群岛。沿岸有印度的加尔各答、马德拉斯和孟加拉国的吉大港等重要港口。

孟加拉湾（取名于印度蒙古邦）总面积为 217.2 万平方千米，总容积为 561.6 万立方千米，平均水深为 2586 米。水温在 25～27℃。发源于我国的恒河和布拉马普特拉河（上游是雅鲁藏布江）从北部注入湾中，形成了宽广的河口。

孟加拉湾的陆架，宽为 161 千米，以北部和东部为较宽，向海一侧陆架的平均深度为 183 米。陆架大部分由砂组成，向海一侧多为黏土和软泥，有好几处被一些海底峡谷切割。其中有恒河峡谷，位于恒河—布拉马普特拉河三角洲的外方，深达 732 米；安得拉、克里希纳和马哈德范等峡谷分布于该湾的西边缘。

孟加拉湾的表层环流，受季风的强烈影响。春夏两季，潮湿的西南风引起顺时针方向的环流；秋季和冬季，受东北风的作用，转变为反时针方向环流。由于孟加拉湾的地形效应，导致了各种作用力的聚焦，因而，潮差、静振和内波等现象均较显著。

孟加拉湾是热带风暴孕育的地方。一般认为，这种风暴大多发生在南、北纬5°～25°的热带海域。产生在西太平洋，常常袭击菲律宾、中国、日本等国的叫台风；产生在大西洋，常常袭击美国、墨西哥等国的叫飓风。每年4～10月，即当地夏季和夏秋之交，猛烈的风暴常常伴着海潮一道而来，掀起滔天巨浪，呼啸着向恒河—布拉马普特拉河的河口冲去，风急浪高，大雨倾盆，造成了巨大的灾害。1970 年 11 月 12 日，孟加拉湾形成的一次特大风暴袭击了孟加拉国，30 万人被夺去生命，100 多万人无家可归。

最透明的海——马尾藻海

马尾藻海是大西洋中一个没有岸的海，大致在北纬 20°～35°、西经 35°～70°，覆盖 500 万～600 万平方千米的水域。1492 年，哥伦布横渡大西洋经过这片海域时，船队发现前方视野中出现大片生机勃勃的绿色，他们惊喜地认为陆地近在咫尺了，可是当船队驶近时，才发现"绿色"原来是水中茂密生长的马尾藻。马尾藻海围绕着百慕大群岛，与大陆毫无瓜葛，所以它名虽为"海"，但实际上并不是严格意义上的海，只能说是大西洋中一个特殊的水域。

马尾藻海上大量漂浮的植物马尾藻属于褐藻门，马尾藻科，是最大型的藻类，是唯一能在开阔水域上自主生长的藻类。这种植物并不生长在海岸岩石及附近地区，而是以大"木筏"的形式漂浮在大洋中，直接在海水中摄取养分，并通过分裂成片、再继续以独立生长的方式蔓延开来。据调查，这一海域中共有 8 种马尾藻，其中有两种数量占绝对优势。以马尾藻为主，以及几十种以海

藻为宿主的水生生物又形成了独特的马尾藻生物群落。

马尾藻海的海水盐度和温度比较高，原因是远离大陆而且多处于副热带高气压带之下，少雨而蒸发强；水温偏高则是因为暖海流的影响，著名的湾流经马尾藻海北部向东推进，北赤道暖流则经马尾藻海南部向西部流去；上述海流的运动又使得尾藻海水流缓慢地作顺时针方向转动。

马尾藻海最明显的特征是透明度大，是世界上公认的最清澈的海。一般来说，热带海域的海水透明度较高，达50米，而马尾藻海的透明度达66米，世界上再也没有一处海洋有如此之高的透明度。所谓海水透明度，是指用直径为30厘米的白色圆板，在阳光不能直接照射的地方垂直沉入水中，直至看不见的深度。

但是，在航海家们眼中，马尾藻海是海上荒漠和船只坟墓。在这片空旷而死寂的海域，几乎捕捞不到任何可以食用的鱼类，海龟和偶尔出现的鲸鱼似乎是唯一的生命，此外就是那些单细胞的水藻。在众口流传的故事中，马尾藻海被形容为一个巨大的陷阱，经过的船只会被带有魔力的海藻捕获，陷在海藻群中不得而出，最终只剩下水手的累累白骨和船只的残骸。而百慕大三角作为这一海域上最著名的神秘地带，则将这些传说推向了极致。

在海洋学家和气象学家的共同努力下，马尾藻海"诡异的宁静"和船只莫名被困的原因被找出来了。原来，这块面积达300万平方千米的椭圆形海域正处于4个大洋流的包围中。西面的湾流，北面的北大西洋流，东面的加纳利流和南面的北赤道流相互作用的结果，使马尾藻海以顺时针方向缓慢流动，这就是这里异乎寻常的原因。正是因为这种原因，才会使古老的依赖风和洋流助动的船只在这片海域踟蹰不前。由此，马尾藻海盐分偏高、海水温暖、浮游生物众多的问题，也都纷纷迎刃而解。虽然马尾藻海中的海藻被证实了并非是阻挡船只前进并吞噬海员的魔藻，但笼罩在它头上的神秘光晕却并未因此而消失。

最长的海峡——莫桑比克海峡

　　位于非洲东南莫桑比克与马达加斯加之间的莫桑比克海峡，是世界上最长的海峡，全长 1670 千米，呈东北斜向西南走向。海峡两端宽中间窄，平均宽度为 450 千米，北端最宽处达到 960 千米，中部最窄处为 386 千米。峡内大部分水深在 2000 米以上，最大深度超过 3500 米，其深度仅次于德雷克海峡和巴士海峡。峡内海水表面年平均温度在 20℃以上，炎热多雨，夏季时有因气流交汇而产生的飓风。由于水深峡阔，巨型轮船可终年通航。海峡盛产龙虾、对虾和海参，并以其肉质鲜嫩肥美而享誉世界。

　　莫桑比克海峡是从南大西洋到印度洋的海上交通要道，莫桑比克海峡的地理位置非常重要，它位于非洲大陆东南岸与马达加斯加岛中间，沟通着南大西洋和印度洋。自 1492 年欧洲探险家第一次绕过非洲大陆最南端的好望角驶入印度洋以来，莫桑比克海峡就成为欧洲和亚洲、大西洋和印度洋之间海上航线的必经之地。1869 年苏伊士运河通航后，莫桑比克海峡曾一度被冷落。然而随着经济的发展，油轮的吨位越来越大，载油 20 万吨以上的超级油轮无法通过苏伊士运河，莫桑比克海峡因其宽广又重新受到青睐，逐渐成为世界上最繁忙的航道之一。波斯湾的石油有很大一部分要通过这里运往欧洲、北美，战略地位十分重要。特别是苏伊士运河开凿之前，它更是欧洲大陆经大

西洋、好望角、印度洋到东方去的必经之路。早在 10 世纪以前，阿拉伯人就经过莫桑比克海峡，来到莫桑比克地区建立据点，进行贸易。13 世纪，海峡地区曾经建立过经济、文化相当发达的马卡兰加帝国。明初郑和下西洋也曾到过莫桑比克海峡。

由于重要的地理位置，莫桑比克海峡历来为殖民者所垂涎。从 16 世纪起，葡萄牙、荷兰、法国、英国先后染指该地区，之后，莫桑比克和马达加斯加沦为葡萄牙和法国的殖民地。为了扩大殖民利益，葡法两国分别在莫桑比克和马达加斯加修建了大量港口，包括东岸马达加斯加的马任加、图莱亚尔，西岸莫桑比克的马普托、莫桑比克城、贝拉、克利马内等。其中，莫桑比克城更是有着悠久的历史，作为地理大发现和新航路发现时期的古老港口，它曾经在海上交通史上起过重要的作用。从该港口出发，铁路与非洲内陆的铁路网相连接，可以横贯非洲大陆南部，直抵安哥拉位于大西洋岸边的港口。这不仅使得莫桑比克海峡成为沟通印度洋及大西洋最便捷的交通要道，而且也使海峡地区成为殖民者向东非和亚洲侵略扩张的基地。

为了获得独立，海峡地区的人民进行了几个世纪英勇顽强的斗争，马达加斯加于 1960 年 6 月 26 日宣告独立，莫桑比克人民共和国于 1975 年 6 月 25 日正式宣告成立，海峡北端的科摩罗群岛也于 1975 年 7 月 6 日正式独立，海峡地区逐渐摆脱了殖民统治。

现在，海峡地区各国的经济日新月异，并以其优美秀丽的风光吸引着来自世界各地的游人，莫桑比克海峡的经济价值日益凸显。

最宽的海峡——德雷克海峡

海峡往往都是重要的交通水道。据统计，全世界共有海峡1000多个，其中适宜于航行的海峡约有130多个，交通较繁忙或较重要的只有40多个。

船只通过量居首位的海峡是，位于欧洲大陆和大不列颠岛之间，连接北海和大西洋的英吉利海峡和多佛尔海峡。其次是位于马来半岛和印度洋之间，连接太平洋和印度洋的马六甲海峡；位于西班牙和摩洛哥之间，连接大西洋和地中海的直布罗陀海峡；位于伊朗和阿拉伯半岛之间，连接波斯湾和阿拉伯湾的霍尔木兹海峡。

海峡之间在长度、宽度和深度等方面相差悬殊。世界最长的海峡是位于马达加斯加岛和非洲大陆之间，沟通南、北印度洋的莫桑比克海峡，全长1670千米；最宽的海峡是位于南美洲火地岛和南极半岛之间，沟通南太平洋和南大西洋的德雷克海峡；深度最大的海峡也是德雷克海峡，最大深度达5840米。

除上述海峡外，世界上较重要的海峡还有：位于俄罗斯东北部和美国阿拉斯加州之间，沟通太平洋和北冰洋的白令海峡；位于我国台湾岛和菲律宾吕宋岛之间，沟通太平洋和南海海域的巴士海峡；位于阿拉伯半岛西南南非和非洲大陆之间，沟通印度洋、亚丁湾和红海的曼德海峡；位于土耳其的亚洲部分和欧洲部分之间，沟通黑海和地中海的黑海海峡（博斯普鲁斯海峡、马尔马拉海

峡和达达尼尔海峡的总称）……

德雷克海峡位于南美洲最南端和南极洲南设得兰群岛之间，紧邻智利和阿根廷两国。德雷克海峡是世界上最宽的海峡，其宽度竟达970千米，最窄处也有890千米。同时，德雷克海峡又是世界上最深的海峡，其最大深度为5248米，如果把两座华山和一座衡山叠放到海峡中去，连山头都不会露出海面。

德雷克海峡以其狂涛巨浪闻名于世——由于太平洋、大西洋在这里交汇，加之处于南半球高纬度，因此，海峡内似乎聚集了太平洋和大西洋的所有飓风狂浪，一年365天，风力都在8级以上，历史上曾让无数船只在此倾覆海底。于是，德雷克海峡被人称为"杀人的西风带""暴风走廊""魔鬼海峡"，是一条名副其实的"死亡走廊"。

16世纪初，西班牙占领了南美大陆，为了切断其他西方国家与亚洲和美洲的贸易，他们封锁了航路。这时，英国人德雷克的贩奴船在西班牙受到攻击，德雷克侥幸逃脱后，为了报复成了专门抢劫西班牙商船的海盗。1577年，德雷克在躲避西班牙军舰追捕时，无意间发现了这一海峡，为英国找到了一条不需要经过麦哲伦海峡就可以进入太平洋的新航道。从此，该海峡就以其发现者——英国的弗朗西斯·德雷克命名。

巴拿马运河开通之后，德雷克海峡运输航道的作用日渐衰微。然而，随着南极大陆对人类未来的生存与发展的关系越来越重要，世界各国对南极的关注也与日俱增。德雷克海峡，这条从南美洲进入南极洲的最近海路、众多国家赴南极科考的必经之路，也因此被赋予新的战略意义。

最没有生气的海——黑海

　　黑海是欧洲东南部和亚洲之间的内陆海，通过西南面的博斯普鲁斯海峡、马尔马拉海、达达尼尔海峡、爱琴海与地中海沟通。黑海东岸的国家是俄罗斯和格鲁吉亚，北岸是乌克兰，南岸是土耳其，西岸属于保加利亚和罗马尼亚。克里米亚半岛从北端伸入黑海，黑海东端的克赤海峡把黑海和亚速海分隔开来。

　　黑海面积 420 300 平方千米，东西长 1180 千米，从克里米亚半岛南缘到黑海南海岸，最近处 263 千米。东岸和南岸是高加索山脉和黑海山脉，西岸在博斯普鲁斯海峡附近山势稍稍平坦，西南隅是伊斯特兰贾山，往北是多瑙河三角洲，西北和北连海岸地势低洼，仅南部克里米亚山脉在沿岸形成陡崖峭壁，沿岸大陆架面积只占整个水域面积的 1/4，经大陆坡到达海底盆地，面积占整个水域面积的 1/4。海盆底部平坦，逐渐向中心加深，最深处超过 2200 米。

　　黑海原是古地中海的一个残留海盆，古新世纪时期小亚细亚地壳上升，把里海盆地与地中海分隔开来，仅留下一些狭窄水道与地中海沟通。黑海地区气候温和，夏季凉爽，秋季温暖，冬季短促，春天漫长，尤以东南岸和克里米亚南部气候最为宜人。

　　黑海的含盐度虽然较底，平均含盐度小于 22‰，但在有些水深155～310米的海域里生物几乎绝迹，鱼儿不敢游到那里去，简直成了一片片"死区"。是什么原因使黑海变成了一个死气沉沉的大海呢？科学家们通过抽样调查，发

现那里的海洋生物难以生存，是因为海水受到硫化氢的污染而缺乏氧气。而黑海在和地中海对流中，正是把自己的较淡的海水通过表层输给了"邻居"，换得的却是从深层流入的又咸又重的水流。加上黑海海水的流速慢，上下层对流差，长年被污染的海域自然要成为"死区"了。

黑海是东欧各国海运要道，也是欧洲地区（含苏联欧洲地区）各主要河流的出海口，包括全长2100余千米的第聂伯河，1860千米的顿河，源自乌克兰境内长约1000千米的德涅斯特河，以及发源于德国南部的多瑙河。黑海沿岸分布着乌克兰的敖德萨、保加利亚的布尔戈斯、罗马尼亚的康斯坦察和土耳其的伊斯坦布尔等重要港口。

第五章

海洋之谜

科学技术高度发达的今天，人类不仅可以登月球，访火星，下深海探秘，而且可以分裂原子，释放巨大的原子能；可以改变生物的基因，进而改变物种；可以克隆动物，甚至克隆人类本身……然而，人类未知的世界依然非常的广阔，等待着人们去探索，去破解。当然，也包括海洋中那些未解之谜。

海底洞穴壁画从何而来

20 世纪 80 年代，法国的一名业余洞穴探险者在地中海一个景色优美的小海湾苏尔密乌发现了一处海底洞穴壁画，石壁上有 6 匹野马、2 头野牛、1 只鹿、2 只鸟、1 只山羊和 1 只猫，形象栩栩如生，可谓艺术珍品。这一海底洞穴古迹的发现，说来颇富传奇色彩。

1985 年，洞穴业余探险者亨利·科斯克为了探索沉睡在苏尔密乌海湾的古代沉船的遗物，专门购买了一艘长 14 米的拖网渔船"克努马农号"，开始了他的水下探险活动。一天，他在水深 36 米处的岸壁上发现了一个隧道口。正当他试图潜入时，随身携带的照明灯熄灭了，加上海水浑浊，看不清周围的景物，不得不暂时中断探索。

5 年后的 1990 年，科斯克又找到了隧道口，进到了隧道尽头的洞穴，借助于手电的光束，他看到了洞穴的石壁上有手的印迹。他决心探个究竟，特邀了卡西斯潜水俱乐部的 6 个伙伴组成了以科斯克为队长的水下探穴队。

7 月 29 日，7 名水下探穴队员乘坐"克鲁马农号"船，在海底隧道口前面的海上抛锚停泊。他们穿戴好潜水装具，下潜到 36 米深的海底，找到了那个隧道口。虽然水下隧道狭窄蜿蜒，海水昏暗难辨方向，还有海流夹带泥沙的阵阵冲击，但他们坚强地克服了这些困难潜游约 20 分钟，终于顺利地通过了长约 200 米的水下隧道。

当他们浮出海面时，一个令人目瞪口呆的奇观便呈现在眼前。在这高出海平面 4 米、直径约 50 米的洞穴里，千姿百态的钟乳石首先映入眼帘；在灯光的照耀下，石壁上的 3 只手印清晰可见，还有那栩栩如生的动物壁画，简直把人

们带进了一个神秘的殿堂。经过一阵高兴之后，他们赶紧拍照、录像。他们不仅为这些艺术品发出同声的赞叹，而且不约而同地产生疑问，这些海底洞穴壁画究竟是史前艺术家的作品呢，还是后人有意制造的恶作剧？为此，他们决定在真假未定的情况下暂时对外保守秘密。

1991年9月1日，发生了有3名业余水下探险者在苏尔密乌海湾失踪的事件。科斯克参加了寻觅失踪者的行动。他迅速潜入这个神秘的洞穴，在石壁下的隧道里找到了3位失踪者的尸体。原来这3名业余潜水者由于缺乏潜水经验，没有携带水下电筒等必需的潜水设备，在黑暗的海水里误入隧道而迷失方向，最后因氧气耗尽窒息而死。

科斯克面对着这个海底隧道已被世人知晓的事实，决定将海底洞穴壁画的秘密公之于世。9月3日，他便向马赛海洋考古研究所报告了这一发现，并要求采取措施保护这些壁画。9月15日，科斯克和史前考古学家古尔坦带领的水下探险队潜入海底洞穴，采用现代分析仪器对洞穴内的氧气、水、木炭、岩石等进行了调查研究，初步认为洞内的壁画可能是史前艺术家用黑色木炭和红土完成的。据古尔坦分析，石壁上的手印可能是史前艺术家在动物脂肪里混入有色矿石粉末制成油彩，然后将手贴于石壁上，用空心兽骨将油彩吹喷到石壁上，制成了这一杰作。

人们疑惑不解，1万多年前，古代艺术家是怎样潜入这个海底洞穴的？洞穴壁画为何奇迹般地完好如初？有的考古学家解释说，那时正处于冰期末期，地中海海平面比今天要低100米以上，苏尔密乌海湾水下隧道无疑是处于海平面之上，人们可以很容易地从悬崖下的隧道口进入洞穴。后来冰期结束，海水上涨，海水将隧道淹没，洞穴被密封起来，洞穴内的壁画得以保护，避免了风化破坏，直到今天。

但是，也有一些人认为壁画完好如初，可能不是1万多年前的作品，1万多年前这一地区是否有史前人类居住也值得怀疑，因为从来没有发现过史前人类的遗迹，因而这些壁画很可能是后人的伪作。

为什么海底会有浓烟呢

1979年3月，美国海洋学家巴勒带领一批科学家对墨西哥西南北纬21°的太平洋进行了一次水下考察。当科学家们乘坐的深水潜艇"阿尔文号"渐渐接近海底时，透过潜艇的舷窗，他们看到了浓雾弥漫下的一根根高达6～7米的粗大的烟囱般的石柱顶口喷发出滚滚浓烟。"阿尔文号"向"浓烟"靠近，并将温度探测器伸进"浓烟"中。一看测试结果，科学家们不禁吓了一跳：原来这里的温度竟高达近千摄氏度，经过仔细观察，他们发现"浓烟"原来是一种金属热液"喷泉"，当它遇到寒冷的海水时，便立刻凝结出铜、铁、锌等硫化物，并沉淀在"烟囱"的周围，堆成小丘。他们还注意到，在这些温度很高的喷口周围，竟形成了一种特殊的生存环境，这里就像是沙漠的绿洲，生活着许多贝类、蠕虫类和其他动物群落。

巴勒等人的发现，引起了科学界的极大兴趣。美国密执安大学的奥温认为，这种海底"喷泉"可能与地球气候的变化有着密切的联系。

奥温在研究了从东太平洋海底获取的沉积物和岩样以后，发现在2000万～

5000 万年前的沉积物中，铁的含量为现在的 5 ~ 10 倍，钙的含量为现在的 3 倍。为什么沉积物中钙、铁等的含量这样高？奥温认为这可能与海底喷泉活动的增强有关。

据此，奥温又进一步认为，当海底喷泉活动增强时，所喷出的物质与海水中的硫酸氢钙发生反应，析出二氧化碳。已知现在的海底喷泉提供给大气的二氧化碳，占大气中二氧化碳自然来源的 14% ~ 22%。因此，当钙的析出量为现在的 3 倍时，大气中二氧化碳的含量必将大大增加。估计相当于现在的 1 倍左右。众所周知，二氧化碳含量的增加，将会产生明显的温室效应，从而使全球的气温普遍升高，以至极地也出现温暖的气候。

在海底"浓烟"中还隐藏着什么秘密呢？人们期待着科学家能有新的发现。

揭秘深海无底洞之谜

按说地球是圆的，由地壳、地幔和地核三层组成，真正的"无底洞"是不应存在的，我们所看到的各种山洞、裂口、裂缝，甚至火山口也都只是地壳浅部的一种现象。可是，在我国的一些古籍中，却曾经多次提到海外有个深奥莫测的无底洞。如《列子·汤问》记载："渤海之东，不知几亿万里，有大壑焉，实唯无底之谷，其下无底，名曰归墟。八九野之水，天汉之流，莫不注之，而无增无减焉。"

那么，世界上究竟有没有这样的"无底洞"呢？

有趣的是，在希腊克法利尼亚岛阿哥斯托利昂港附近的爱琴海域，有个亚各斯古城，在其海滨有个无底洞。由于它靠着大海，每当海水涨潮的时候，汹

涌的海水就会排山倒海一样"哗哗哗"地朝着洞里边流去，形成了一股特别湍急的急流。

人们推测，每天流进这个无底洞的海水足足有 3 万吨。可令人奇怪的是，这么多的海水"哗哗哗"地往洞里边流，却一直没有把它灌满。所以，人们曾经怀疑，这个无底洞会不会就像石灰岩地区的漏斗、竖井、落水洞一类的地形？那样的地形，不管有多少水都不能把它们灌满。不过，这类地形的漏斗、竖井、落水洞都会有一个出口的，那些水会顺着出口流出去。可是，希腊亚各斯古城海滨的这个无底洞，人们寻找了好多地方，做了各种各样努力，却一直没有找到它的出口。

玛雅人的水下世界之谜

世界最有名的国际潜水科考小组之一——大不列颠—哥伦比亚潜水小组向媒体透露，他们的科考小组在墨西哥东南的尤卡旦半岛——历史上玛雅古国的所在地考察时，发现了一条结构复杂、洞穴相连的地下河流。据初步估计，该河流约有 300 多千米长，有可能是世界上最长的地下河流。

而更让他们目瞪口呆的是，在该地下河的最深处，潜水员们竟然发现了古代玛雅人砌成的炉灶、石桌以及陶器等物！人们不禁要问：难道古代玛雅人曾经在水底生活？

据报道，该地下河离尤卡旦半岛地面表层约有 30 多米深的距离，它最早为世人所知是在 1998 年，该科考小组的成员从当地一个 1 米多宽的井口潜下水去，想了解这些位于丛林中的深井常年不干且水质清纯的秘密。

没想到下井后发现，该井竟然没有尽头，潜水员潜了足有 8000 米长，吃惊地发现井里面竟是一个无比宽广的"水底世界"——只见一条条错综复杂的地下通道，不知通往何方，一些形状古怪、不知姓名的水生物、小鱼、小虾等，同样好奇地在他这个陌生的访问者身边游来游去，轻啄着他的潜水服。

潜水员不敢走远，按捺住激动的心情潜回井口，报告了他的发现。科考小组当即决定，从欧洲运来最先进的设备考察这条神秘的地下河。科考小组的科学家们进一步研究后发现，该地下河在玛雅人的传说中早有记载，古玛雅人称之为"欧西贝哈"，意思就是"万水之源"。几个月后，一些重达几千磅的最新测量设备、水下灯、高级潜水服、瓦斯车等，通过马背陆续运到了位于丛林深处的现场。

潜水员们立即全副武装开始了考察，由于地下河里地形错综复杂，刚开始时十分困难，有时仅仅为了勘探一个深不可测的凹穴，潜水员就得在水底熬上 12 个小时。科学家们初步估计，该地下河至少有 320 千米长，尽管无数个通道像迷宫似的让潜水员们大伤脑筋，但地下河的总流向应该是个大三角形。水底洞穴的世界常常是个变幻莫测的黑暗迷宫，可能一不小心，也许某个人就再也回不来了。

为了不至于迷路，潜水员们都随身带着一个线轴，一端系在入口处，一端拿在手上，每前进 3 米，就将线打上一个结。这样做既可以循线返回，又可以测量出前进了多少米。潜水员除了测绘水下世界的地形外，还附带收集水下生物的样本。然而不久前的一次发现，使该科考具有了全新的意义。

随着探测的深入，潜水员越走越远，在快到地下河的一半深处时，他们中有人意外地发现了一些早期人类生活过的痕迹！潜水员陆续发现了一些保存完好的砌在石壁边上的炉灶、石器时代的石桌和其他一些古人类的遗迹。依据发现的遗物，科考小组的科学家们估计，大约在 9090 年至 1 万多年前，这些古代

人曾经生活在这里！

此外，科考小组还发现了其他一些玛雅时期的东西，诸如破碎的陶器、玛雅人的遗骸等。面对这些意外发现，潜水员们动也没敢动它们一下，可以说他们十分震惊。玛雅文明已经够神秘，但他们怎么也不会想到，自己竟然会在30多米深的地下河里发现古代玛雅人砌下的炉灶、石凳等。所有的发现都被原封未动地保留在原来的地方，等待满怀疑惑的墨西哥国家人类和历史学会的考古学家们赶来，对这项惊人的发现做出解释。

古代玛雅人能够在水底下生活？美国佛州某大学一考古学教授认为，这种假设是不大可能的。在水底生活必须要有类似鱼类的鳃，就像科幻片《大西洋底来的人》一样，但那仅仅是科幻。玛雅人的神秘仅仅在于他们的文明，譬如尤卡旦半岛他们所留下的大量寺庙和金字塔遗址，他们的身体构造和今人没任何区别。他认为在水底发现古玛雅人的生活遗迹，应该从地质学的角度寻找原因。

他认为，在1万多年前，墨西哥尤卡旦半岛要远远高于现在的海平面，大气中的二氧化碳和雨水混合形成富含碳酸的地下河水，长年累月腐蚀并"雕琢"出了这些洞穴。随着海平面继续降低，这些洞穴渐渐干燥起来，变得可以住人。随着冰期的结束，海平面又开始升高，这些干燥的洞穴又渐渐被水注满，古代人不得不离开洞穴到陆上生活，但他们居住时留下的遗迹却仍旧保存在那儿。洞穴和深井在玛雅人的宗教中占有相当重要的地位，他们将洞穴称为"西诺蒂"，意思就是"神的井"，他们把它看作到达阴间的"地狱走廊"，而不是人类居住的地方。

据报道，该科考小组已停止探测"万水之源"地下河，他们需要运来更加先进的潜水机器，以便使水下生态系统和古代遗迹尽可能不受到损害。他们将考察该地下河的剩余部分，彻底解开它深藏的秘密。

海中为何会有铁塔

俄罗斯《特异报》1998 年披露了美国"艾尔塔宁号"海洋考察船 1964 年在南太平洋的深海底发现神秘"铁塔"的部分情况，现摘录如下。

1964 年 8 月 29 日，"艾尔塔宁号"科学考察船航行到智利的合恩角以西 7400 千米左右时抛锚停泊，按照南极考察计划开始工作。他们把一台深水摄像机下潜到 4500 米深的海底，进行水下拍摄工作。一天的考察工作结束后，当技术人员对当天拍摄的胶片进行显形处理时，在一张胶片上发现了奇特的东西。将该胶片放大并洗成照片后，清晰地看到一个顶端呈针状的水下"铁塔"。从塔的中部延伸出 4 排芯棒，芯棒与铁塔之间呈精确的 90°夹角，每个芯棒的末端都有一个白色小球。综合起来看，照片上的东西很像是一座塔式发射天线。

研究中有人认为，这座"铁塔"是智能生物建造的，并说，水下摄像机能拍到这个神奇的水上建筑物简直是天大的幸运，因为海底如此浩瀚无垠，而摄像机已输入电脑程序，它只有间隔固定的时间才开机拍摄。

1964 年 12 月 4 日，"艾尔塔宁号"科学考察船完成使命，驶入新西兰的奥克兰港。船员登陆后，把这张 8 厘米×10 厘米的海底神秘"铁塔"照片拿给一位记者看。记者问随船的海洋生物学家托马斯·霍普金斯："这是什么东西？"生物学家回答说："显然，它既不是动物，也不是植物……我不想说这座海底铁塔是人建造的，否则会产生无法回答的问题：什么人以何种方式到达如此深的海底？是出于什么目的去建造它？"

不久，新西兰的 UFO 研究者把照片寄给美国从事月球遥控器指令研究的航天专家 C. 霍尼，请他对此作出解释。霍尼说，凭他多年从事研究的经验，这个

神秘的"海底铁塔"是测量地球地震活动的传感器和信息转发器，建造者可能是来自太空的外星人。他们借助这套先进的仪器，及时而准确地把地球上的某些信息传送到他们的母星上去，与此同时，也可能以地球某个学术团体的名义，将情报传给各国政府。

时间已过了50多年，可是围绕海底"铁塔"这个神秘事件，却一点消息也没有了。人们不禁要问：美国人在第二年、第三年……是否又去进行更深一步的考察研究了（行家认为，美国人绝不会对这么重要的发现置之不理）？如果后来又进行了多次考察，为什么没有新的发现见诸报纸？

大海悬在头顶之谜

马歇尔·卡尔多纳是美国著名的神秘事件研究家，多年从事各种神秘事件的调查研究工作。有一天，他闲来无事，就到附近的一家古玩店去选购古董，这时候，突然发现了一卷陈旧的手稿。这卷书稿显得破破烂烂，字迹已褪色，幸好内容还算完整。马歇尔只花了买一卷废纸的钱就把这份手稿弄到了手。回家后，他急急忙忙通读了整部手稿，没想到，这里面所记录的内容是一位挪威渔夫的离奇经历，让他感到难以置信。

挪威位于欧洲北部，部分国土位于北极圈内，一位叫奥尔夫·亚森的渔夫和他的儿子就住在这里。一天，亚森和他的儿子乘一艘小小的机帆船向北行驶，他们计划这次行程约需1个月。航行途中，一些意想不到的事情发生了。船向北行进，气温却一天天地升高。一天，儿子突然指着罗盘说："爸爸，你看，罗盘好像有点不对头。"亚森回头一看，罗盘突然开始指向南方，可是船仍在向北行驶。渔夫父子看看四周，看到的情形让他们惊愕得说不出话来，不知该怎么办。不知什么时候，他们头顶上的天空消失了，代之以湛蓝的海水。

船继续行进，这时周围的环境似乎已近黄昏，他们环顾四周，上下左右都是海水。又过了一会儿，四周一片漆黑，仿佛进入了一个长夜无昼的世界。突然，他们看见了另一个太阳，也许称为"地心的太阳"更恰当些。逐渐地，周围亮如白昼，海水前方出现了陆地。他们隐约分辨出陆地上生长着绿油油的植物，甚至还有动物。

很久以前，亚森父子曾听说过一个传说，在北极某处有一个世外桃源，这里气候宜人，难道这就是那个世外桃源？

一年后，亚森父子平安地回到了故乡。他们向邻居叙述了那个国度里的情景。那里住的都是些巨人，身高大约 4

米；那里不仅有动物、植物和各种农作物，还有供他们使用的各种日常用具，其大小与巨人成正比；那里的 1 粒葡萄大得相当于 1 只普通的苹果。村里人没有一个相信他们的叙述，认为他们所说的是白日梦话。

亚森父子没有办法，只能专程前往美国，向住在洛杉矶的乔治·埃马森先生详细讲述了自己的经历。埃马森根据他们的叙述写成了这部名为"一位挪威渔夫的离奇经历"的书稿。

人真的会遇上这些事情吗？挪威的北极探险家弗里乔夫·南森证实，在北冰洋底下，似乎有一个由海水形成的巨大空洞。他从 1893 年 6 月开始，在北冰洋的浮冰上生活了一年半，成为第一个踏入北纬 86°41′ 的人。他看到了北极圈内的许多奇异现象。其中，在北冰洋的冰海中有一片"开水"，这是一片在黑沉沉的广阔冰海上的不反射天空光线的不冻海域。

美国极地探险家霍尔早于南森 20 多年曾 3 次闯入北极进行探险。他也提及，当他的探险队一行正沿冰山前进时，在距他们大约 7 千米的地方出现了一片不冻海域，这片"开水"从南到北，占据了 2 座冰山之间的整个海峡。

海洋之谜　喧嚣海洋

1906 年，极地研究家威廉·里德根据南森和霍尔的叙述，坐着狗拉雪橇直奔北极，想去亲眼看看这片不冻海域。据他说，当他接近这片海域时，周围开始涌出团团浓雾，那片"开水"就在那浓雾笼罩下。

里德猜测浓雾是由地球内部流出的暖空气造成的，也就是说在北极圈的某个地区肯定有一个通过地热加温并使热空气泄漏的地方。里德的假设是不是有点不可思议？谁也不知道。

诡异的骷髅海岸

这是世界上最危险而又最荒凉的海岸，失事船只的残骸杂乱无章地散落在这里。1859 年，瑞典生物学家安迪生来到这里，感到一阵恐惧向他袭来，他不寒而栗，大喊："我宁愿死也不要流落到这样的地方。"

在古老的纳米布沙漠和大西洋冷水域之间，有一片白色的沙漠。这条绵延的海岸线被称为地狱海岸，现在叫做骷髅海岸。这条 500 千米长的海岸备受烈日煎熬，显得那么荒凉，却又异常美丽。

从空中俯瞰，骷髅海岸是一大片褶痕斑驳的白色沙丘，从大西洋向东北延伸到内陆的沙砾平原。沙丘之间闪闪发光的蜃景从沙漠岩石间升起，围绕着这些蜃景的是不断流动的沙丘，在风中发出隆隆的呼啸声，交织成一首奇特的交响乐。

骷髅海岸充满危险。8 级大风、令人毛骨悚然的雾海和深海里参差不齐的暗礁，使来往船只经常失事。传说有许多失事船只的幸存者跌跌撞撞爬上了岸，庆幸自己还活着，孰料竟慢慢被风沙折磨致死。因此，骷髅海岸布满了各种沉船残骸和船员遗骨。

1933 年，一位叫诺尔的瑞士飞行员从开普敦飞往伦敦时，飞机失事，坠落在这个海岸附近。有一位记者认为，诺尔的骸骨终有一天会在骷髅海岸找到，骷髅海岸从此得名。可是诺尔的骸骨却一直没有找到。

1942 年英国货船"邓尼丁星号"载着 21 位乘客和 85 名船员在库内河以南 40 千米处触礁沉没。经过求援，3 个婴儿以及 42 名男船员乘坐汽艇登上了岸。这次救援是最困难的一次，几乎用了 4 个星期的时间才找到所有遇难者的尸体和生还的船员与乘客，并把他们安全地送回文明世界。这次救援总共派出了两支陆路探险队，从纳米比亚的温得和克出发，还出动了 3 架本图拉轰炸机和几艘轮船。其中一艘救援船触礁，3 名船员遇难。

1943 年在这个海岸沙滩上发现了 12 具无头骸骨横卧在一起，附近还有一具儿童骸骨；不远处有一块久经风雨的石板，上面有一段话："我正向北走，前往 96 千米处的一条河边。如有人看到这段话，照我说的方向走，神会帮助你。"这段话刻于 1860 年。至今没有人知道遇难者是谁，也不知道他们是怎样暴尸海岸的，又为什么都掉了头颅。

南风从远处的海面吹上岸来。对遭遇海难后在阳光下暴晒的海员，以及那些在迷茫的沙暴中迷路的冒险家来说，海风有如献给他们的灵魂挽歌。大风吹来时，沙丘表面向下塌陷，沙砾彼此剧烈摩擦，发出咆哮之声。

黑夜降临，幽灵般的雾掠过骷髅海岸的沙丘，这里更显得阴森和恐怖。谁也不知道骷髅海岸曾吞噬了多少冤魂。

海洋之谜

喧嚣海洋

海上巨冰雕是谁雕刻的

1912 年 4 月 15 日，当时世界上最大的轮船"泰坦尼克号"满载着 2400 位旅客在从英国南安普敦首航美国纽约途中，在北大西洋水域触冰山沉没，成为世界航海史上最大的一次海难事故。

冰山是陆地冰盖或冰川滑动到海边，在重力、波浪、潮汐等作用下，发生断裂后漂浮到海上而形成的。

南极洲、格陵兰岛，以及北极地区的其他岛屿是全球海上冰山的源地。南极洲 158.2 万平方千米的陆缘冰更是举世无双的冰山"制造厂"，据估计，南极水域有大小冰山 22 万座之多。"巨无霸"的超大型冰山是南极洲的"特产"。B-9 冰山可算是最大的"巨无霸"，其初始最大长度为 154 千米，最大宽度为 36 千米，面积达 4540 平方千米，比 4 个崇明岛还大。它的水面以上部分高 50 米，水下深 250 米，总体积逾 1200 立方千米，重量达 1 万亿吨，相当于南极冰山一年生成总量的一半。如果把长江一年的总水量冻结成一个大冰块，也不及 B-9 大。如果它全部融化，全球海平面将升高 4.2 毫米。这样巨大的冰山是十分罕见的。

如果说冰山在南极洲已是司空见惯的话，那么在这里出现的巨大冰雕却令科学家们迷惑不解。最近，科学家们在南极洲对面海岸接近印度洋的海面上，发现了不少足有千万吨重的巨大冰雕在海上四处飘浮，它们的造型，有的像飞鱼，有的像天鹅，有的像海豚，有的像狮子……全部雕塑得栩栩如生。更为神奇的是，在这些巨型冰雕的上空，还同时出现彩虹似的光芒，白天或夜晚都可以清楚地见到。众所周知，南极洲是一片冰天雪地无人居住的地方，那这些巨大的冰雕山是谁做出来的？为什么要制作这样巨大的冰雕？目前还是一个谜。

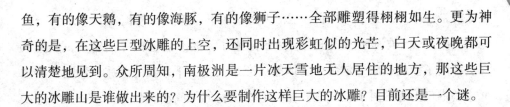
"贝奇摩号"是如何失踪的

浩瀚无垠的大海中，有着许许多多的神秘故事，而大多数故事都是以船舶的发现或失踪结尾的。在这些曲折离奇的故事中，至今还没有结局，也许永远是个谜的，大概要算幽灵船的故事了。这些船舶几十年来被人们弃置一旁，就像幽灵似的在海上游荡，还时时出现在人们的视野之中，成为人们议论纷纷的奇闻。

加拿大哈德逊湾公司有一艘 1300 吨的蒸汽货轮，这就是不幸的"贝奇摩号"。它的烟囱高耸，驾驶台弯弯曲曲，船首又高又长，显得雄伟、漂亮，而且坚固结实，足以抵挡北方水域可怕的大块浮冰和流冰的袭击。

1931 年 7 月 6 日，这艘货轮从加拿大温哥华港起航，开始了新的航程。"贝奇摩号"在炎夏阳光的照耀下，向西北驶去。每到一个停靠港，船员们都卸下了给当地带去的物品，装上一些毛皮。最后，货轮顺利地抵达了终点——维多利亚海岸。在那里，他们把船舱装得满满的，然后掉头准备返回温哥华。

不幸的是，那年的冬天过早地来到了这块不毛之地，狂风和酷寒迅速地把

流冰群带往南方。到了9月底，茫茫大海只剩下一条狭窄的水路了。10月1日，"贝奇摩号"已被海冰团团围住，冰封起来了。船上的主机停止转动，船身已无法移动了。船长康韦尔命令全体船员穿过大约1千米长的浮冰，到阿拉斯加北岸的港口附近的村子里躲避。船员们在该村的几间小客栈里待了两天，冻得半僵谁也不敢冒险外出。

这时，意外的事情发生了：流冰群突然松散开来，慢慢地从船两边移动起来。船员们急忙从屋里跑出来，踩着正在移动的流冰，纷纷爬上了船。他们花了整整3个小时，才把主机发动起来，开足马力向西驶去。正当船员们庆幸自己战胜了这场灾难时，不料冰块又一次紧紧缠住了"贝奇摩号"。

10月8日，随着一阵令人心惊的破裂声，冰上出现了大裂缝，包围着船身的冰块裂开了，船又慢慢移动起来。康韦尔估计，要不了几个小时，这艘货轮就会像鸡蛋壳那样被挤得粉碎，于是便发出了呼救信号。然而，一个星期过去了，也没见到援兵的踪影。哈德逊湾公司出于无奈，派出两架飞机，运走了22名船员，留下船长和其他14名船员，等冰块融化后把船和货物抢救出来。

11月24日漆黑的深夜里，暴风雪降临这个地区。船员们只得躲进建造在坚冰上的小木屋。暴风雪减轻后，他们跑出木屋一看，出现在眼前的竟是一座奇异壮观、20米高的冰山，而"贝奇摩号"却不知去向了。他们四处搜寻，仍一无所获，便推测它已被暴风雪击成碎片，沉入海底了。

船员们大失所望，只得回到陆地上的安全地带。不料几天后，一个以猎取海豹为生的因纽特人带来一个喜讯：他曾在西南方72千米的地方看到过这艘

船。船员们风尘仆仆地赶到那里一看，"贝奇摩号"早已被坚冰结结实实地冻住，根本无法把它开回去了。船长康韦尔只好带领船员，从船舱中取出一些贵重的毛皮，依依不舍地离开了"贝奇摩号"，乘飞机返回家园。

在以后的几个月中，加拿大哈德逊湾公司的温哥华基地，多次接到因纽特人的报告，说他们抛弃的那艘船，又出现在朝东几百千米的地方。1932年3月12日，青年探险家赖斯莉·梅尔文坐在一架由一群狗拉着的雪橇上，从赫舍尔岛前往诺姆的途中，看到"贝奇摩号"漂浮在离岸边不远的海上。他设法上了船，发现船舱里的毛皮原封未动，只是他孤身一人无法搬动这些珍贵的货物。

又过了好几个月，一群迷途的探矿者也看到了"贝奇摩号"，并登上了船。这时，船上的一切设备仍完好如初。1933年3月间，这艘货轮又漂回到当初康韦尔船长离船的地方，悠闲地漂浮在冰水之中。接着又有一阵猛烈的暴风袭来，这些可怜的人在船上足足待了10天。

1933年8月，哈德逊湾公司又得知，"贝奇摩号"正在平静地向北漂动。限于技术水平，这个公司已经爱莫能助，无法营救它了。此后，有关这艘幽灵船的传说，便在因纽特人中间广泛流传开来。到了1935年9月，船已漂流到了阿拉斯加沿岸。4年来，它没有被冰块压碎也没有被海上风暴击沉，一直在大海中漂流。

一位名叫休·波森的船长曾于1939年11月，在自己的船上看到了"贝奇摩号"。他设法登上了这艘无人驾驶的货船，想把它搭救出来。然而，"贝奇摩号"已被一块又一块巨大的浮冰团团围住，最后波森船长的希望也成了泡影。

1939年以后，"贝奇摩号"在人们的视野中又出现了好几十次。每一次无论人们怎样努力追踪，都被它无情地甩掉了。多年来，它在冰块的纠缠和包围中，漂移了数千千米。

1962年3月，一群乘独木舟的因纽特人在捕鱼的时候，又见到了正在北冰洋波弗特海漂移的"贝奇摩号"，当时它的外壳已经生了锈，但仍然没有破损。这群因纽特人无力营救它，只得眼睁睁地看着它向远处漂去。人们最后一次看到"贝奇摩号"，是在1969年。这时，船已被牢固地冻在巴罗角附近的波弗特海中。

1982年9月，哈德逊湾公司的一位代表仍然认为，人们到目前为止还不能肯定"贝奇摩号"是否还在海上漂流。看来，从1931年底开始，这艘出没无

常、无人驾驶的幽灵船，在海上漂流了 50 多年，也许它还在海上继续漂流着。它既没有回到人类的怀抱，也没有进入宣告失踪的船舶行列。

死神岛的由来

形形色色、大大小小的岛屿，是无边无际的大洋中必要的点缀。然而除此之外，不少岛屿还以自己的神秘为本已足够神秘的海洋加油添醋、推波助澜……

在距北美洲北半部、加拿大东部的哈利法克斯约 100 千米的汹涌澎湃的北大西洋上，有一座令船员们心惊胆战的孤零零的小岛，名叫塞布尔岛，"塞布尔"一词在法国语言中的意思是"沙"，意即"沙岛"。这个名称最初是由法国船员们给它取的。

据地质史学家们考证，几千年来，由于巨大海浪的猛烈冲蚀，使得此岛的面积和位置不断发生变化。最早它是由砂质沉积物堆积而成的一座长 120 千米、宽 16 千米的沙洲。在最近 200 多年中，该岛已向东迁移了 20 千米，长度也减少了大半。现在东西长 40 千米，宽度却不到 2 千米，外形酷似狭长的月牙。全岛一片细沙，十分荒凉可怕，没有高大的树木，只有一些沙滩小草和矮小的灌木。

此岛位于从欧洲通往美国和加拿大的重要航线附近。历史上有很多船舶在此岛附近的海域遇难，近些年来，船只沉没的事件又频频发生。从一些国家绘制的海图上可以看出，此岛的四周，尤其此岛的东西两端密布着各种沉船符号，估计先后遇难的船舶不下 500 艘，其中有古代的帆船，也有现代的轮船，丧生者总计在 5000 人以上。因此，一些船员怀着恐惧的心情称它为"死神岛"。

在西方广泛流传着有关"死神岛"的许多离奇古怪的神话传说，令人听而生畏。"死神岛"给船员们带来的巨大灾难，促使科学家们努力去探索它的奥秘。为了解释船舶沉没的原因，不少学者提出了种种假设和论断。

例如，有的认为，由于"死神岛"附近海域常常掀起威力无比的巨浪，能够击沉猝不及防的船舶；有的认为，"死神岛"的磁场迥异于其邻近海面，且变幻无常，这样就会使航行于"死神岛"附近海域的船舶上的导航罗盘等仪器失灵，从而导致船舶失事沉没；较多学者认为，由于此岛的位置和面积经常迁移变化，岛的附近又大都是大片流沙和浅滩，许多地方水深只有 2～4 米，加上气候恶劣，风暴常见，因此，船舶很容易在这里搁浅沉没。

关于"死神岛"之谜，仍需深入探索和研究。

"慕尼黑号" 是如何失踪的

1980 年 5 月，欧洲大报都在显著版面刊登一条新闻："不来梅海事法庭经过一年多调查审理，将于 6 月 2 日开庭，裁决'慕尼黑号'沉船案。"消息传开，西方航运界人士议论纷纷，等待结果。

"慕尼黑号"是一艘新型的现代化船舶，装有先进的导航通讯设备和自动控制系统。1978 年 12 月 7 日，4.5 万吨级载驳船"慕尼黑号"装上最后一艘船舶后，缓缓驶出原联邦德国不来梅港向目的港——美国萨瓦纳港驶去。

"慕尼黑号"在阴沉的大西洋上连续航行了 4 昼夜。11 日午夜 0 时 7 分，"慕尼黑号"报务员恩斯特同他的好友——"加勒比号"报务员通话，告诉他"……天气不好，风浪很大，海浪不断冲击船身……"，此时两船相距 450 千米。

两小时后，"慕尼黑号"发出遇难求救信号。希腊货船"麦里欧号"第一个收到求救信号，但始终未能同"慕尼黑号"建立联系，于是迅速发出了"慕尼黑号"遇难的方位和信号。

3时15分，一个幽灵船的电台向"慕尼黑号"发出了奇怪的呼号："向前，左舷50。"但"慕尼黑号"仍无声息，始终没有报告出事原因。12日早晨美国海难救助中心发布公告，要求在"慕尼黑号"附近海域的船舶相应改变航向，协助寻找。

救助拖轮分别从荷兰、比利时、原联邦德国、英国等地相继以最快速度开往出事地点。英国皇家空军出动最先进的反潜飞机参加救助。可是，停泊在离"慕尼黑号"最近的一艘苏联船"阿梯米达号"却反常地起锚往东南方向驶去。

"慕尼黑号"发出 SOS 信号后出现的奇怪电台呼号是什么意思？显然这艘船试图同"慕尼黑号"保持联系。有人认为"Articas"可能指苏联船 Artimida "阿梯米达号"。它的神秘行踪，早就引起西方谍报机关的注意。

为了弄清情况，就必须了解"阿梯米达号"在 12 日和 13 日的电台通讯情况。可是苏联方面解释说："阿梯米达号"是拖网渔船，"慕尼黑号"遇难时电台无人值守，但以后从"阿梯米达号"的电台日志副本上了解到 12 月 12 日 3~4 时监听频率 500 千赫，引起了专家们更大疑惑。

为追寻"慕尼黑号"下落人们付出了巨大努力，但没有令人信服的证据断定它已葬身海底。从它第一次发出 SOS 信号到最后一次电台呼号相隔 40 多小时，在寒冷的大西洋乘救生艇坚持这么长时间是不可能的。即使如此，反潜飞机的搜索雷达也能迅速发现目标。

有人推测，"慕尼黑号"在全船电力系统和电台发生意外故障后，遭到突然袭击被劫持或者带到某地。电台修复后又断断续续发出几次求救信号，其代

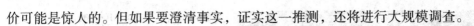

价可能是惊人的。但如果要澄清事实，证实这一推测，还将进行大规模调查。

1980 年 6 月 2 日，不来梅海事法院首席法官米尔茨宣布开庭。法院对"慕尼黑号"的沉船作了详细介绍。来自原联邦德国、美国、比利时、荷兰等国证人先后到庭作证。许多证词自相矛盾，引起了长时间的激烈辩论。

连续开庭 10 天之后，法院宣布了最终的审理结果："……1978 年 12 月 12 日，原联邦德国籍载驳船'慕尼黑号'在驶往美国萨瓦纳港途中遭遇大风暴，随后全船电力系统、通讯系统和主机发生故障。在亚速尔以北沉没……建议进一步改进通讯和救生设备……"

这个含糊其辞的结论，并不能平息有关"慕尼黑号"的种种推测。"慕尼黑号"的悲剧已深深留在人们的记忆中。"慕尼黑号"沉船的真相，仍是待揭之秘。

海洋上的无主之船之谜

1983 年夏天的一个的下午，委内瑞拉一艘叫做"马拉开宝号"的货轮正在大西洋的海面上航行着。忽然，一个船员发现前边不远有一艘轮船，它在海面上随着海浪任意地漂荡，好像不知道要航行到什么地方去一样。这是怎么回事儿呢？

那个船员赶紧把这个情况告诉了船长。船长想了想，立刻命令向那艘轮船靠拢。船员们急忙加大马力，朝着那艘轮船开了过去。等到他们来到那艘轮船的旁边，发现它的船身上写着"白云"，原来它叫"白云号"，也是一艘货船。看样子，"白云号"的载重量大约有 2300 多吨。

船长让船员们开着"马拉开宝号"货船围着"白云号"绕了一圈，只见它的上边没有挂旗子，看不出来是哪个国家的船只，而且船的甲板上看不见一个

人影。船长的心里更加纳闷了："哎，这艘轮船上的人都到什么地方去了，是不是他们遇到什么危险了？对，还是赶紧到船上去看一看吧。"想到这儿，船长和几个船员爬上了"白云号"。

他们爬上"白云号"，仔细一看：船上的救生艇已经不见了，甲板上乱七八糟地扔了好几双鞋子。船长对手下的船员说："你们分头到厨房、船舱、驾驶室去看一看，有什么情况马上向我报告！"船员们答应一声，赶紧分头去了。

工夫不大，船员们陆续回来告诉船长："报告船长，这船上已经没有一个人了，厨房里的衣物全都发霉了，船上还有 500 箱炮弹。"船长一听，心里感到更加奇怪了："走，带我去看看！"

结果，船长在"白云号"货船上所有地方看了一遍，果然，那厨房里的食物全都发了霉，变成了绿颜色；无线电室里的无线电台转钮转到了应急的频道上，波长很小，所以传播得比较远。科学家们认为，强大的次声波会使人们惊慌失措，特别难受。船员们如果碰到次声波，也许忍受不了这种折磨，最后就跳船逃命去了。

不过，人们的这种说法只是一种猜想，一直到现在也没有发现由于次声波造成没有人驾驶漂船的确切例证。

还有的人说，这些没有人驾驶的漂船是不是碰到海洋怪兽了呢？海洋怪兽把船上的人们吓得慌里慌张地逃走了。只是这种说法没有什么科学依据，所以不太能说服人。

那么，到底是什么原因才造成了没有人驾驶的漂船呢？一直到如今也没有找到正确答案，也就成了一个难解之谜。

神秘岛之谜

1933 年 4 月，法国考察船"拉纳桑号"来到南海进行水文测量。他们在海上不停地来回航行，进行水下测量的作业。突然，船员们见到在上一回驶过的航道上竟矗立起一座无名小岛，岛上林木葱葱，水中树影婆娑。

可在半个月后，当他们再来这里测量时，却又不见了这个小岛的踪影。对于这个时有时无、出没无常的神秘小岛，大家都莫名其妙、不解真情，只好在航海日志上注明：这是一次"集体幻觉"。

3 年后，即 1936 年 5 月的一个夜晚。一艘名叫"联盟号"的法国帆船航行在南海海域。这艘新的三桅帆船准备开往菲律宾装运椰干。

"正前方，有一个岛！"在吊架上瞭望的水手突然一声呼叫，顿时惊动了船上的所有船员。

船长苏纳斯马上来到驾驶台，用望远镜进行观察。他清清楚楚地看到了一个小岛。他感到纳闷，航船的航向是正确的，这里离海岸还有 463 千米，过去经过这里时从未见过这个小岛，难道它是从海底突然冒出来的吗？可是岛上密密的树影，又不像是刚冒出海面的火山岛。

船长命令舵手右转 90°，吩咐水手立即收帆。就这样，"联盟号"缓缓绕过了这座神秘的小岛。

这时，船员们都伏在右舷的栏杆上，注视着前方。朦胧的夜色映衬着小岛摇曳的树枝，眼前出现的

事，真如梦境一般。

此时，船上航海部门的人员赶紧查阅航海图，进行计算，确定船的航向准确无误，罗盘、测速仪也工作正常。再查看《航海须知》，可那上面根本就没有这片海域有小岛的记载，而且，每年都有几百上千条船经过这里，它们之中谁也没有发现过这个岛屿。

忽然，前面的岛屿不见了，可过了一会儿，它却又在船的另一侧出现了！船长和他的同伴们紧张地观察着出现在他们面前的如同黑色幕布般的阴影。

突然一声巨响，全船剧烈地摇晃起来。紧接着，船体发出了嘎吱嘎吱的声响，桅杆和缆绳相扭结着，发出阵阵的断裂声。一棵树哗啦一声倒在了船首，另一棵树倒在了前桅旁边，树叶飒飒作响，甲板上到处是泥土，断裂的树枝、树皮和树脂的气味与海风的气味混杂在一起，使人感到似乎大海上冒出了一片森林。船长本能地命令右转舵，但船头却突然一下子翘了起来，船也一动不动了。船员们一个个惊得目瞪口呆。显然，船是搁浅了。

天终于亮了，船员们终于看清大海上确实有两座神秘的小岛，"联盟号"在其中的一个小岛上搁浅了，而另小岛约有 150 米长，它是一块直插海底的礁石。

好在船的损伤并不严重。船长吩咐放两条舢板下水，从尾部拉船脱浅。船员们在舢板上努力划桨，一些人下到小岛使劲推船，奋战了两个多小时，"联盟号"终于脱险。

"联盟号"缓缓地驶离小岛。两个小岛渐渐地消失在人们的视野之中。这一场意想不到的险恶遭遇，使全船的人都胆战心惊。精疲力竭的船员们默默地琢磨着这一难解之谜。

"联盟号"刚一抵达菲律宾，船长苏纳斯就向有关方面报告了他亲身经历的这次奇遇。当地水道测量局等有关单位的人员听后说，在这片海域从来也没有发现过岛屿。其他船上的水手们也以怀疑的态度听着"联盟号"船员的叙述。显然大家都认为这是"联盟号"船员的集体幻觉。

船长苏纳斯不想与他们争辩，他决定在返回时再去寻找这两个小岛，记下它们的准确位置。开船后两天，理应见到那两个小岛了，可他却什么也没有见到。

他们在无边的大海上整整转了 6 个小时，还是一无所获，两个小岛已经消失得无影无踪。苏纳斯虽有解开这个谜的愿望，但他不能耽搁太久，也不能改变航向，只好十分遗憾地驶离了这片海区。

可怕的航船坟场

加拿大东南部的新斯科舍半岛东南约 300 千米的大洋中，有一座镶有宽阔边沿的狭长又弯曲的小岛，这就是令不少航海家毛骨悚然的塞布尔岛。

几百年来，有 500 多艘大小航船在该岛附近神秘地沉没，丧生者多达 5000 余人。塞布尔岛因此获得一个绰号——航船的坟场。

塞布尔岛由泥沙冲积而成，全岛到处是细沙，不见树木。小岛四周布满流沙，浅滩，水深有 2 ~ 4 米。船只一旦触到四周的流沙浅滩，就会遭到翻沉的厄运。

塞布尔岛海拔不高，只有在天气晴朗的时候，才能望见它露出水面的月牙形身影。人们曾亲眼目睹几艘排水量 5000 吨、长度约 120 米的轮船，误入浅滩，两个月内便默默地陷没在沙滩中。

1898 年 7 月 4 日，法国"拉·布尔戈尼号"海轮，不幸触沙遇难。美国学家别尔得到消息，自认为船员们可能已登上塞布尔岛，便自费组织了救险队登上该岛，可他们待了几个星期，却连一个人影也没有发现。

历史资料表明，在塞布尔岛那几百米厚的流沙下面，既埋葬了遥远古代的各式各样的海盗船、捕鲸船、载重船，也埋葬了世界各国的近代海轮。由于岛上浅沙滩经常移动位置，因此人们偶尔会发现沙滩中航船的残骸。

19 世纪，一艘美国快速帆船下落不明，直到 40 年前，它的柚木船身才从海底露出。然而 3 个月后，船体上又堆上了 30 米高的沙丘。

1963 年，岛上灯塔管理员在沙丘上发现了一具人体骨骼、一只靴子上的青铜带扣、一支枪杆和几发子弹，以及 12 枚 1760 年铸造的杜布朗金币。此后，又在沙丘中找到厚厚的一沓 19 世纪中叶的英国纸币，面值为 100 万英镑。

由于航船在塞布尔岛不断罹难，船员们纷纷要求本国政府在岛上建造灯塔，设立救护站，可没有一个国家愿意在这微不足道的孤岛上付出代价。

1800 年，在新斯科舍半岛发现了不少金币、珠宝及印有约克公爵家徽的图书和木器，而这些物品是渔民从塞布尔岛上换来的。这事引起英国政府的注意。因为当年开往英国的"弗莱恩西斯号"，从新斯科舍半岛起航后，便杳无音信。

英国海军部认为，"弗莱恩西斯号"遇难后，船员可能登上塞布尔岛，而被当地居民杀死，船上财物被洗劫。后来的调查最终搞清了真相：船员与船一同被无情的海沙吞没了。

几个月后，英国的"阿麦莉娅公主号"又沉陷于塞布尔岛周围的流沙中，船员无一生还。另一艘英国船闻讯赶来救援，不料也遭同样厄运。英国政府大为震惊，立即决定在岛上建造灯塔，设立救生站。

1802 年，在塞布尔岛上建立了第一个救生站。救生站仅有一间板棚，里面放着一艘快速艇，板棚附近有一个马厩，养着一群壮实的马。每天有 4 位救生员骑着马，两人一组在岛边巡逻，密切注视着过往船只的动向。

救生站建立后，发挥了巨大作用。1879 年 7 月 15 日，美国一艘排水量 2500 吨的"什塔特·维尔基尼亚号"客轮载着 129 名旅客从纽约驶往英国的格拉斯哥，途中因大雾不幸在塞布尔岛南沙滩搁浅，但在救生站的全力营救下，全体船员顺利脱险。

1840 年 1 月，英国的"米尔特尔号"被风暴刮进塞布尔岛的流沙浅滩，由于他们求生心切，在救援人员还未赶到时纷纷跳海，结果全部丧命。

两个月之后，空无一人的"米尔特尔号"被风暴从海滩中刮到海面，在亚速尔群岛又一次搁浅时，才被人们发现。

可怕的塞布尔岛已划入加拿大版图，岛上现已建立有现代化设备的救生站、水文气象站、电台、灯塔，并备有多架先进的直升机。每当夜幕降临时，在 30 千米远的地方便可以看到岛上东西两座灯塔闪烁的灯光。每天 24 小时，岛上无线电导航台不停地向过往的各国船只发射电波信号警告。尽管近几十年航船在该岛罹难事件已大大减少，可有关塞布尔岛的古老民歌还在告诫人们：避开这可怕的坟场。

小岛消失之谜

1964 年，从西印度群岛传来了一件令人瞠目的奇闻：一艘海轮上的船员，突然发现这个群岛中的一个无人小岛，竟然会像地球自转那样，每 24 小时自己旋转一周，并且一直不停。这可真是一件闻所未闻的怪事！

这个旋转的岛屿是一艘名叫"参捷号"的货轮在航经西印度群岛时偶然发现的。当时，这个小岛被茂密的植物覆盖着，处处是沼泽泥潭。岛很小，船长

卡得那命令舵手驾船绕岛航行一周，只用了半个小时，随后他们抛锚登岛，巡视了一番，没有发现什么珍禽异兽和奇草怪木。船长在一棵树的树干上刻下了自己的名字、登岛的时间和他们的船名，便和船员们一起回到了原来登岛的地点。

"奇怪，抛下锚的船为什么会自己走动呢？"一位船员突然发现不对劲而大叫起来，"这儿离刚才停船的地方差了好几十米呀！"

回到船上的水手们也都大为惊异，他们检查了刚才抛锚的地方，铁锚仍然十分牢固地钩住海底，没有被拖走的迹象。船长对此满腹狐疑，心想这是不是小岛本身在移动呢？

这件奇闻使人们大感兴趣，一些人闻讯前去岛上察看。根据观察结果，一致认为是小岛本身在旋转，至于旋转的原因，就众说纷纭，莫衷一是了。比较多的人认为，这座小岛实际上是一座浮在海面上的冰山，因潮水的起落而旋转。但真相究竟如何，当时谁也不能断言，只好留待科学家们去研究了。

过了不久，这座怪岛从海面上消失了。

不可思议的撞船事件

在辽阔的大西洋上，两艘装有当时最先进导航仪器的优质海轮相向驶近。彼此早在十多千米以外便通过雷达装置看到了对方。可是，一路小心避让的结果，却偏偏撞个正着。这事儿——你说怪不怪？

事情发生在 1956 年 7 月 25 日，当天是星期三。两艘不幸相撞的船，一艘叫"阳里亚号"，属于意大利航业公司所有；一艘叫"斯德哥尔摩号"，属于瑞典瑞美公司所有。前者于 1951 年 6 月在热那亚下水，装备着当时最先进的全套仪器与装置，号称"无论天气如何恶劣，都可以平稳航行"。后者的设备在那时也是第一流的，而且它还有着一个特别坚硬的船头，以便可以在北极圈的海区内破冰前进。

两艘船的船员也是无可挑剔的：可谓个个精兵强将，既有丰富的航海经验，又极富责任心与纪律性。至于两船的船长，更是无须质疑。"阳里亚号"的船长卡拉美，时年 58 岁，拥有 40 年航海的辉煌纪录，战时曾任海军司令，自 1953 年 1 月起即担任该船船长。他忠于职守但对部下却很亲近，管理严格却作风民主。而该船自首航以来连这次已是第 51 次航行了，5 年间从未发生过任何大小事故。"斯德哥尔摩号"的船长拿腾逊，时年 63 岁，仅替该船所属的瑞美公司服务即达 40 年。在他那斯堪的纳维亚人的长形脸上，显露出的是经风霜和与海浪搏斗的坚韧及老练。他那严谨的神色，则表示出他一贯守纪一丝不苟的态度。

星期三下午 1 时许，"阳里亚号"与"斯德哥尔摩号"在大西洋上相向行。前者自意大利热那亚出发，朝纽约行驶，距纽约已不到一昼夜的航程了，其时位置在南塔角东 264 千米处。后者则自纽约出海，目的地是丹麦哥本哈根，其时位置在南塔角西 352 千米处。这也就是说，两船距离当晚 12 时相撞时，其直线距离为 616 千米，每船平均还需走 308 千米的航程。南塔角的南塔岛南 64 千米处有一条灯塔船，它是纽约港设在大西洋近海岸的一个浮动界标：西行的船只可以由它导向纽约港，东行的船只则在它的指引下穿行大西洋。

167

在大西洋的这一带，每年夏天的气候变幻无常，但对大半辈子都在与大海打交道的卡拉美船长（"阳里亚号"）与拿腾逊船长（"斯德哥尔摩号"）来说，则是司空见惯的事。因此，这天下午3时光景，当海上突生浓雾，"阳里亚号"进入一片伸手不见五指的水域时，卡拉美并不惊慌，但是却开始更加小心起来。每当碰到有雾或大风大浪的坏天气，他都要亲自出现在船桥上指挥。这天他也不例外。

卡拉美命令把航速由43千米/小时降至39千米/小时，同时要求"阳里亚号"上的专用雾角每隔一段时间就鸣叫一次。船长还命令特别注意雷达屏幕上的动静。

但此时"斯德哥尔摩号"所处水域还未起雾，天气虽然昏暗有云，然而阳光却不时拨开云层照射在海面上。在船桥上当值的是三副乔安生，这是一个极有责任心、工作也很细致的青年职员。他一直小心翼翼地观察着前方的航程上的动静，船长拿腾逊就守在身旁，也未能分散他的注意力。进入当夜9时，乔安生估计了一下：离南塔角灯塔船还有80千米的航程。于是他眼睛一眨不眨地紧盯着雷达荧屏。10时30分，屏幕左角出现一个小小光点。他知道，这表示在距离19千米的前方正有一条海轮驶来。

再说"阳里亚号"，在晚上10时30分多一点，卡拉美船长也看到荧屏上出现的一个小光点，也同样知道有一条船正向着自己驶来。他同二副佛兰齐尼算了一下，此时两船的距离约为27千米。于是，在大约相近的时间里，两条相向驶近的船上的指挥员们都密切地注意着荧屏上对方光点的渐渐明亮与扩大。

两条船中，"斯德哥尔摩号"比较靠近海岸，南塔岛在其左舷方向。"阳里亚号"则离岸较远，它的左舷方向是广阔的洋面。当然，按常理，这两条船的安全交会当是无问题的。可是，为了增强安全系数，卡拉美船长仍命"阳里亚号"把航线再往左调节4°。不过，令卡拉美疑惑的是，当荧屏上的亮点越发明显时，却听不见来船的雾角声，而在这样的雾夜之中，漆黑如磐，却不响雾角，真是难以想象。他自己的船，则一直响着雾角。

在对方——"斯德哥尔摩号"上，也存在着同样的疑惑：咱们的雾角尖锐响亮，可传至很远的洋面，可对方却何以闷声闷气，不发一声地朝咱们驶来？更令人不解的是，当双方通过荧屏发现只有 8 千米的距离时，却都寻不见对方的灯光。其实双方此时都是开着指示灯的。照说 8 千米的距离，完全可以发现，却硬是发现不了，依然是起初的雾漫漫，夜沉沉……当时，"斯德哥尔摩号"左舷上的红灯大开着。他们也多么希望看到来船左舷的红灯啊，因为只有这样，两条很快就交会的海船才会按照国际航行守则的规定：以左舷相向而过，避免碰撞。

过了一会儿，船桥上的电话响了，待在"斯德哥尔摩号"船顶上守望观察的船员向三副乔安生报告："左前方20°发现灯光。"这时，乔安生用肉眼也观察到了一个暗红色的亮点，在左前方不到 3.2 千米处。乔安生立即下令舵转右方。这样好使来船可以清晰地看到本船左舷的红灯。可是，就在这时，来船的红色灯忽然消失，随即代之而起的是一片绿色……这是怎么一回事？乔安生心里顿感不妙。因为这显示出本船面对的是来船的右舷。换言之，就是来船正拨转船头向本船船首冲来。这情形，就犹如在高速公路上西侧行驶的车辆突然横到东行车面前来了。

乔安生当即做出反应。他将引擎间联络通讯器的把手从"前进"位置果断地扳到"全速后退"的位置。此时，船长拿腾逊正待在自己舱里。他明显地感到一阵由引擎改变转向而引起的震动，立刻赶到船桥上来……这是"斯德哥尔摩号"一方的情况。

在"阳里亚号"一方的船桥上，此时的情况也完全一样：来船何以不鸣雾角，却突然出现在眼前？眼看着对方的灯光迅速变亮，放大……猛然间，一名船员高声喊道："它转过来了，撞上来了！"其实，此时对方的船——即"斯德哥尔摩号"正在采取紧急避让措施，但在"阳里亚号"看来，"斯德哥尔摩号"乃是全速地抢到自己的航道上来，并拼命撞上！卡拉美船长当机立断，发出命令："赶快躲开！急速左转！全速后退！"

孰料此时已躲闪不及，只听得"轰隆"一声巨响，"斯德哥尔摩号"那无比坚强的钢角已拦腰插入"阳里亚号"的船身，犹如一支尖矛射中大鲸鱼

一样。

两船互相绞缠在一起，在漆黑的海上擦出星星般的火花。这时，"斯德哥尔摩号"的"全速后退"才真正发挥作用——它"吭哧吭哧"地艰难地从对方船身中拔出钢角……于是，"阳里亚号"摆脱羁绊，也全然失去控制，开始摇晃下沉。

"见鬼！"卡拉美船长只来得及咒骂出这一声，便迅速指挥船员放出救生艇与舢板，紧急援救本船的1134名旅客。闯了大祸的"斯德哥尔摩号"自然也参与了大援救，将对方的旅客转移过来。此时，两船探照灯大开，人声鼎沸，哭喊喧嚷，犹如炸开锅一般，附近有五六条过路船闻讯赶来，也参加救助行动……

7月26日上午10点整，"阳里亚号"完全沉入海底。最后清点人数，该船死亡43人（多半在撞船瞬间便已丧命）。船长卡拉美痛不欲生，抱着与船共存亡的决心准备随船自尽，在最后一分钟才被船员生拉硬拽地拽上救生艇。

这真是一个不可思议的沉船悲剧。可是，也有因祸得福的：一位19岁的意大利女移民安苏丽在被救上救生艇时突然跌落大海，一位纽约青年哈得生奋不顾身跳水救美。8个月后，两位青年竟喜结良缘。

那么，此次临近纽约港时才发生的撞船事故责任在谁呢？两家轮船公司相互控诉，而提出的证据又都证明自己无罪，于是只得在庭外和解。可是，到底谁是肇事者呢？难道真如卡拉美船长所咒骂的——"撞到鬼了"？

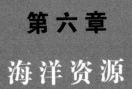

第六章

海洋资源

海洋是生命的摇篮，海水不仅是宝贵的水资源，而且蕴藏着丰富的其他能源。加强对海水资源的开发利用，是解决我国沿海和西部苦咸水地区淡水危机和资源短缺问题的重要措施，是实现国民经济可持续发展战略的重要保证。

天然的盐库

海水的味道又咸又苦，这是因为海水里含有大量的盐类物质。海水里的盐类种类很多，其中主要的是氯化钠和氯化镁。氯化钠是咸的，氯化镁很苦，所以海水的味道又咸又苦。在组成海水的各类盐中，氯化钠所占的比重最大，约占盐类总量的7成以上。

全世界的海水盐类的蕴藏量是极为丰富的，总共含有5亿亿吨盐类。

无边的海洋是人类工业和生活用盐的主要产地，盐度蕴含量中等的海域中，每1000千克海水里就有35千克盐。这样来推算，全球海洋中共含有至少5亿亿吨盐。世界上食盐产量45%是通过日光蒸发海水来制取的，海盐对于人类工业和生活来讲至关重要。

我国沿海12个省、市、自治区都有海盐生产。盐田已从20世纪50年代初的1000平方千米增加到80年代末的3600平方千米，主要分布在辽东半岛、渤海湾、胶州湾、莱州湾、湄州湾、雷州湾、北部湾等海湾内。这些海区，尤其是北方沿海，由于光照充足、蒸发旺盛、盐度浓，非常适于海盐生产。其中，渤海湾内的长芦盐场是我国最大的盐场。

海水淡化的方法到目前为止有近百种，但是，主要有这样4种基本方法：蒸馏法、电渗析法、反渗透法和冷冻法。这4种方法在技术和生产工艺上都比较成熟，经济效益也比较好，具有较好的实际生产意义。其中，蒸馏法、电渗析法和反渗透法，已投入到工业生产中。蒸馏法中的多级闪蒸、多效竖管蒸馏法和蒸汽压缩法技术工艺均比较完善，是当前进行海水淡化的基本方法。

海水淡化的目的是用物理、化学等方法将含盐量较高的海水脱去大部分盐分，以满足人们对淡水的需要。海水中的平均含盐量为 3.5%，即每升海水中含有各种盐的总量为 35 克，而人们饮用水所需淡水的含盐量每升中最多不应大于 500 毫克。海水脱盐这一看似并不复杂的工艺在实际生产中，尤其是大批量生产中有许多棘手的难题需要攻克。因而节约用水，仍应作为人类长期的一项工作坚持下来。

中国在海洋油气田开发上积极投入并取得了较大的成果。今后这一项工程我们仍要努力完成下去。

第二次世界大战后，科学技术的飞速进步，使人们有条件进行近海海底石油资源的开采。1947 年，美国最早开始尝试海上石油开采。1977 年，世界上已有 439 条钻探船从事油气资源的开采作业。

黄金液体——石油

世界海洋石油的绝大部分存在于大陆架及其临近地区。波斯湾大陆架石油产量较早地进入大规模开采，现在这一区域已成为供应世界石油需求的主要地区。欧洲西北部的北海是仅次于波斯湾的第二大海洋石油产区。委内瑞拉的马拉开波湖是世界上第三大海洋石油产区。此外，美国与墨西哥之间的墨西哥湾，中国的近海（如渤海、黄海、东海和南海）也都蕴藏着丰富的石油资源。

最早开发近海石油资源的是美国。

美国人在 1897 年采用木制钻井平台在浅海处打出了石油。1924 年，在委内

瑞拉的马拉开波湖和苏联的里海沙滩上，先后竖立起了海上井架，开采石油。而效率更高、真正意义上的现代海上石油井架在 20 世纪 40 年代中期才正式被应用。1946 年，美国人在墨西哥湾建立起第一座远离海岸的海上钻井平台，打出了世界上第一口真正意义上的海底油井。

我国海域现在已发现了 30 多个大型沉积盆地，其中已经证实含油气的盆地有渤海盆地、北黄海盆地、南黄海盆地等，总面积达 127 万平方千米，临近我国的海底，42% 含有石油和天然气。南海南沙群岛海域，估计石油资源储量可达 350 亿吨，天然气资源可达 8 万亿～10 万亿立方米。

有人预言，我国南沙海域有可能成为世界上第二个波斯湾。为了子孙后代的利益，为了我国能源战略安全，我们必须重视对我国海洋利益的维护。

世界上已有上百个国家在海上建立了"石油城"。一座座钻井犹如擎天立柱般屹立在大海上。

世界上主要油井有 600 余口，石油储量上中东的波斯湾居于首位，其次是委内瑞拉的马拉开波湖，第三是欧洲的北海。波斯湾和马拉开波湖的海底石油储量约占世界石油储量的 7 成左右。海底天然气储量方面，波斯湾居第一，北海居第二，墨西哥湾列第三。

世界已探明的大型油气田有 70 余个，其中特大型油田 10 个，特大油气田 4 个，6 年产量超过 1000 万吨的有 11 个，其中以沙特阿拉伯、委内瑞拉和美国为主。离岸的石油井中最远达 500 千米，最深井达到 7613 米，平台最深约 300 米。世界的"石油城"仍在不断地增加，石油和天然气的产量也逐步增加。

石油最初是被用作汽车、飞机的燃料。20 世纪 50 年代后，石油化工业正式大规模兴起，石油可加工成合成纤维、橡胶、塑料和氨等。目前至少有 5000 多种化工原料关系到了人们衣食住行的方方面面，人们的生活已与石油化工产业密不可分了。石化产业为改善人类生活水平居功至伟。石油已渗透到经济、军事、航天等几乎所有的部门，石油能源安全已成为世界各国普遍关心的话题。世界各国将会不惜一切代价来保证本国的石油能源安全，以满足自己国家工业、农业和人民日常生活对石油的需要。

可以燃烧的冰

可燃冰并不神奇，它是由水和天然气组成的一种新型的矿藏。可燃冰广泛分布于海底。这种天然气水合物的外表同冰非常相似，为白色固态结晶物质。从物质结构上看，它是一种非化学计量的笼形物质，它的分子结构像灯笼一样，具有极强的吸附气体的能力。当这种晶体吸附到一定程度的可燃气体时，它便可以用于能源利用了。可燃冰含有多种可燃物质，甲烷占多数，约为90%，其余是乙烷、乙炔等。可燃气体分子处于紧密压缩状态，为固态结晶

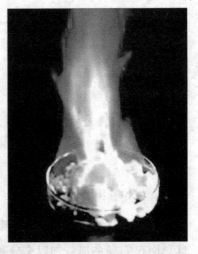

体，由于这种固态气体可以燃烧，因此它被称为"可燃冰"。目前，世界各国正努力开发这种物质以作为国内能源产业的新型替代能源。

关于可燃冰的形成，专家们意见不一。一般认为，可燃冰是水和天然气在中高压和低温条件下混合时产生的晶体物质。这种可燃冰与一般天然气具有明显的区别。一般的天然气是海洋中的生物遗体在地下经过若干地质年代生成的，而固态天然气——可燃冰矿，则不是由生物遗体形成的。可燃冰可能是数十亿年前，在地球形成之初的某个时期，在深海500～1000米的岩层中，保存在水

圈中的处在游离状态下的甲烷在适宜条件下与水结合而形成的结晶矿。可燃冰普遍存在于世界海洋中，已经探明的储量极为丰富，是陆地上石油资源总量的百倍以上。这样可观的储量引起了世界各国的兴趣。

关于可燃冰的开采，俄罗斯在这方面进行了首次尝试。他们在西伯利亚的梅索亚哈气田进行了成功试验。这个气田在背斜构造上，储气的地层是白垩纪砂岩。气田中的一部分天然气钻入地表松散的沉积物中，由于西伯利亚低温的地层中的压力，天然气与水结合成水合天然气。水合天然气充填于松散沉积物的孔隙中，形成了封闭的壳层。迄今为止，俄罗斯已开采了近30亿立方米的可燃冰。俄罗斯的尝试成为人类对可燃冰开采的首次成功实验，自此人类对可燃冰的开发进入了一个新的时代。

辽阔的海洋空间资源

开发和利用海洋空间资源，已成为各国重视的项目，开发海洋也将成为世界科技的大趋势。这对于那些陆地面积狭小的国家来说更是如此。假若对占地球总面积71%的海洋加以充分利用的话，人类的居住面积将得到较好的改善。

海湾利用

海湾深入陆地，风平浪静，最有利于各项建设事业。世界上许多海湾都已建有港口等设施。现在许多国家已在海湾上修建了水上飞机场、人工岛、海上城市和旅游设施等。

航运利用

海运在各种交通中的优势明显:航船载货量大(尤其是巨型邮轮)、运费低、适应性较强、沟通便利……世界上多数国家都是邻海国家,海运可直达世界各地,自古以来,海运始终是国际贸易中的主力军。

青函海底隧道

世界最长的海底隧道是日本的青函海底隧道。它南起本州青森县,北至北海道的函馆,横穿津轻海峡,隧道全长约 54 千米。它的主隧道宽 11 米,高 9 米,中央部分在海面以下 240 米,切面是马鞍形;隧道内铺设了两条铁路,另有两条用以后勤或维修的辅助隧道。高速火车通过隧道仅用 13 分钟。该隧道耗资 37 亿美元,被称为当代的一大奇迹。青函隧道成为日本沟通本州和北海道的纽带,大大促进了本国的经济交流。

香港九龙海底隧道

香港九龙海底隧道计划于 1955 年提出,1966 年开始动工,1972 年建成通车。隧道全长 2625 米,其中海底部分为 1290 米。这条隧道的建成是香港交通史上的里程碑,也是当时闻名于世界的大工程之一。

整个隧道由香港政府出资兴建,连通九龙半岛至香港岛的维多利亚海峡海底隧道。此外,九龙至香港之间还有一条地下铁路海底专用隧道。

20 世纪 70 年代中期,香港开始兴建维多利亚海峡海底隧道。

施工部门按照设计,在陆地上用钢筋混凝土浇制 14 个体积庞大的隧道沉管。将其陆续沉入海底,再接起来加以固定。

海底城市

　　21 世纪，人们将向海底发展，在大海深处建造城市。在海底建城市，面临的最大问题是水压和海水腐蚀问题，因此，就需要发明出一系列抗压和耐腐蚀的建筑材料来。海水淡化、废水处理、空气循环等难题也应当被攻克，这样人类才得以入住海底。

滩涂利用

　　目前，140 多个国家都在从事滩涂水产养殖，仅虾类养殖面积就已达 100 多万平方千米。我国的海水养殖面积达 80 多万平方千米。

　　荷兰几百年间围海造陆 6000 多平方千米，占其国土面积的 1/5。日本也已围海造陆 1200 平方千米，为亚洲之首。此外，新加坡、美国也都有围海造地的计划并得以实施。我国在历史上累计开发滨海荒地和滩涂 167 700 平方千米，新中国成立以来，我国又围垦了 6000 多平方千米。我国香港的启德机场和新机场、澳门的机场均由填海而成。一些海滨城市在海上建机场已是一种趋势，如韩国的仁川国际机场位于两个岛屿之间填海而成的陆地上；日本神户人工岛是一座有现代化的港湾设施、居民住宅、国际展览中心、酒店、公园、飞机场的海上城市，居住着 15 800 人。这样，在不久的将来，人类向海洋进军的计划会更大。

海上人工岛

　　这种通过人工在海洋中建成的陆地，我们就叫它海上人工岛。人类在开发海洋资源的同时，也在不断探索在海洋上开发生存空间。日本在 20 世纪 70 年代，利用一个海中的小岛，再移山填海建成了长崎机场。

海上人工岛也可以建造大型居住区，这就是海上城市。

中国的海上人工岛

我国第一座海上人工岛——张巨河人工岛坐落在河北省黄骅市歧口镇张巨河村南距海岸 4125 米的海面上。张巨河人工岛具有勘探、开发、海上救助和通信等功能。

张巨河人工岛隶属于大港油田，于 1992 年 5 月 22 日定位成功。它采用单环双壁网架钢板结构，内径 60 米，防浪墙高 7.5 米，主要用于 2.5 米以下水深、工作条件恶劣的极浅海域的石油勘探与开发。它是我国渤海洋面上的一颗明珠。

海上旅游业

旅游被人们称为"无污染绿色产业"，旅游业的开发在各国备受关注。许多海岸地带是旅游、休闲的好去处——优质的沙滩、清新的空气、明媚的阳光、宜人的气候，为海上旅游注入了不竭的生命力。许多国家都在这方面进行了开发，如意大利已建成 500 多个海洋公园，其中利古里亚海东岸的维亚雷焦海洋公园，是一个大型的海洋综合游乐中心，内设游览、体育俱乐部、训练场等，已成为欧洲旅游天堂。我国各省市的海滨浴场也已吸引了越来越多的游客。数量众多的海岛被称为"海上明珠"，发展海岛旅游前景广阔，而我国海岸线广阔，具备开发旅游业的诸多有利条件。为推动我国走向世界，促进我国经济的良性发展，改善人民生活水平，海上旅游资源的开发势在必行。

围海造陆

荷兰有 27% 的土地是在海平面之下的，有近 1/3 的国土海拔仅 1 米左右。

首都阿姆斯特丹的位置，就是昔日一个低于海平面 5 米的大湖。

因而，如果不是那些高大的风车，如果没有荷兰人民围海造田的不懈努力，荷兰恐怕早已沦为一片沼泽了。

荷兰的围海造陆工程

荷兰的造陆，主要方式是筑堤排水，从海平面下取得陆地。在 20 世纪初（1927—1932），荷兰筑起了世界上最长的防浪大堤。大堤长 30 千米，高出海面 7 米；海堤底宽 90 米，顶宽 50 米；堤顶可并驶 10 辆汽车。防浪海堤修起后，将须德海完全封闭起来，形成内湖，人们又把内湖水进行淡化，然后分片筑堤围垦，荷兰最终获取陆地 2600 平方千米。

在 20 世纪中叶，荷兰又实施了"三角洲工程"计划。此工程是修筑一条大堤，将莱茵河、马斯河、斯海尔德河的三角洲截住以将活水永远拦在大堤之外，保住南部 3000 多平方千米的国土。同时，荷兰又在海堤上建起一座通航船闸，修筑通航水道。荷兰人利用挖取的淤泥填低地，以获取港口用地，以确保通航水道能够具备持续的通航能力，而这个大型的围海造陆项目也成为荷兰人的骄傲。美丽的郁金香之国，浩大的围海造陆奇迹吸引了一批又一批慕名而来的世界各地的游客。

围海造陆利弊

科学合理的开发，海洋能造福于人类，但是，只顾眼前利益，不合理地盲目围海，也会给人们带来灾难。这样的例子，在我国沿海经常能见到。例如，渤海沿岸水域，原是鱼类和对虾的繁殖地，但由于不合理的围垦，鱼虾的产卵地完全被破坏，以致今天渤海往日的鱼汛都无法形成。近几年，几乎年年都发生大面积赤潮灾害，有的年份，一年之内竟发生数十次赤潮，而且发生次数逐年上升。其中对渔场的破坏最为常见，无目的、无秩序地盲目围海造陆会使海

180

洋环境发生变化，这会破坏渔场，给海洋的渔产养殖业以致命打击。围海造陆可能破坏它所在海域的原有海洋生态环境系统，造成水域污染。所以，填海造陆、围垦滩涂如果处理不当，会造成环境污染，破坏生态平衡。

海洋——未来的粮仓

生命离不开蛋白质。在茫茫的大海中，可供人类利用的极其丰富的各种生物资源，约有 20 余万种，其中海洋动物 16 万～17 万种，还有 3000～4000 种海洋植物。

无论是海洋动物资源，还是海洋植物资源都是人类的食物来源，海产品中的鱼、虾、贝及其他动物产品，不仅肉嫩、味美，而且营养丰富。它们含有大量的蛋白质、脂肪、维生素和钙、磷、铁、碘等物质元素，这些物质和元素都是人体必需的。如果人类能开发利用这些动植物资源，就能满足人类对蛋白质的需要。

科学家试验证明：人工繁殖海藻，一公顷海面就可以获得 20 吨蛋白质，相当于在陆地上种植 40 公顷大豆所提供的蛋白质。据统计，仅在世界近海水域，海藻的产量就比全世界小麦的产量高出 20 倍。

在南极人们又发现了大量的南极磷虾。这是一种不大的海虾，一般长 4～6 厘米，最长也只有 9 厘米左右。它们体色很美，呈透明的粉红色，腹部还有发光器，可以发出蓝色的光。这种虾虽然小，营养价值却很高。新鲜带壳的南极磷虾，含有丰富的蛋白质、脂肪、糖类以及各种氨基酸，而且主要氨基酸的含量比牛肉、对虾还高。10 克磷虾所含的蛋白质，相当于 200 克牛肉所含的量。磷虾味道也很鲜美，可以直接烹调菜肴，也可以用它制虾油、虾酱、虾糕等食品，而且还可治疗动脉硬化等疾病。这种虾的蕴藏量很大，有人估计有 50 亿吨，并且预计每年捕捞 1 亿吨到 1 亿 5 千万吨，对资源不会有什么影响。但是

这种动物资源至今才被人类开发利用。

由此可见，海洋在未来将是人类食物的大仓库。

根据科学家们的调查和研究，海洋里有许许多多的动物和植物，每年繁殖的总量达几亿吨至几十亿吨。现在，人类每年只利用了其总量的2%左右。

如果人类能在提高海洋动植物产量的同时，在不破坏生态平衡的条件下，对可利用的海域实行"耕作"，在海洋里兴办海洋农场，海洋就能成为浩瀚高产的蛋白质生产基地，那么，海洋每年就可以向人类提供上百亿吨的食物。

那时，人类再也不用为粮食而发愁了，粮荒矛盾就可以趋向缓和了。

海洋不仅是人类的蛋白质加工厂，也是人体所需的各种微量元素的宝库。自从人类发现了碘以来，几乎在所有的海洋生物中都发现了碘的存在，尤其在海藻中，海藻以高含碘量为主要特征。

我国内陆地区许多人患有甲亢病，根本原因就在于很少吃到含碘丰富的水产品，并且当地土壤中又极缺碘。如果能向人们提供大量含碘丰富的海藻加工食品，那里的甲亢病就可能得到缓解，同时还可以为国家节约数亿元用于进口碘化物的外汇。

海洋是一座十分宏大的蛋白加工厂，它日夜不停地制造着人们急需的各种各样的蛋白质、脂肪、维生素、各种微量元素等，难道海洋生物资源真是"取之不尽，用之不竭"的吗？

从整个海洋生物资源角度分析，海洋生物具有延续物种的特点，只要外界环境适宜它们栖息、生长和繁殖，海洋生物就能生生不息，永无休止地繁衍下去。当然，在海洋生物进化的历史长河中，无数种类灭绝了，又有无数种类兴盛起来。我们现在能看到的许多被称为"活化石"的种类，就是生物进化过程的生动说明。

所以，我们应该珍惜为人类提供丰富食品的海洋生物和有利于它们生存的海洋环境，不要轻易污染海洋，破坏海洋的生态平衡，这样，人类就可以有目的地、按计划利用和开发这座宏大无比的蛋白质加工厂，为人类提供更丰富、更优质的营养食品。

惊人的海底药库

人们都知道深山老林里百草丛生、药材遍地，却很少有人晓得海洋也是人类取之不尽的医药宝库。你看那穿游如梭的鱼虾，在暗处闪烁着奇光异色、百态千姿的海藻珊瑚，它们就是地上人间的神农氏们遍尝过的百草。那么，在这个绚丽多彩、万物竞生的海洋里有哪些生物可供人医伤治病呢？让我们按照它们的家谱来简略地介绍一下吧。

细菌是海洋里广泛生长的微生物，从表层到深海都有它们的踪迹。其数量之大，不亚于陆地。据统计，每立方厘米海水中就有 100 万个细菌。这些繁殖迅速、充满活力的微小生命很有希望成为新型抗生素的重要来源。因为目前已有人从中提取出了头孢霉素，其杀菌力之强，能足以制服连青霉素也奈何不得的葡萄球菌！

海洋里有上万种藻类，它们虽然结构简单，却含有极为丰富的钾、钙、磺等无机盐和甘露醇、蛋白质、氨基酸、胶质、维生素等营养物质和医药有效成分。海藻类药物对多种疾病有很好的疗效。如海带可治高血压，石莼、浒苔、紫菜能显著降低胆固醇，鹧鸪菜煎剂广泛用于驱蛔虫、鞭虫，马尾藻的提取物对金黄色葡萄球菌、大肠杆菌有抗菌活力，一些海藻则对胸腺炎、流感病毒有抑制作用。到目前为止，已证明可用于制取抗生素的海藻不下二三百种。科学家还认为，食用巨藻、海带和鹿角菜可以预防放射性锶 90 引起的骨癌。

海绵动物中的沐浴海绵质地柔韧，富有弹性，吸水性强，用来代替药棉，经久不坏、经济实惠。国外还从多种海绵中提取出了广谱抗菌物质和抗癌药。

腔肠动物中的水母、海葵、珊瑚都可药用。海蜇味咸、性平、有消痰行积、止带祛风之功，还可治小儿积滞和风疾丹毒。海边常见的一种海菊花又叫布局海葵，可用于痔疮、白带过多。珊瑚能治痢疾和痔疮，民间对此早有流传。

海蚯蚓（沙蝎）是一种环节动物，它不仅形似陆地上的蚯蚓，而且与之有远亲关系。海蚯蚓的主要功能是解毒，常用于痈疮毒肿。

软体动物中的药用者是很多的，如海珍品鲍鱼，壳称石决明，是重要的中药，能治疗高血压、眩晕、夜盲症、外伤出血。味道鲜美的鲍鱼肉可调经、调便。红螺、肯螺、响螺、宝贝、贻贝、珍珠贝、牡蛎也有清热解毒、平肝明目的功效。蛤蜊油专治烫伤，蛤蜊粉是妇科良药。乌鱼骨（海螺蛸）和墨囊用于人体各部止血，具有特效，珍珠粉治鼻咽癌、子宫癌已初见成效。我国还成功地从短蛸和某些蛤类的组织中提取出抗肝癌、肉瘤的物质。

每逢夏秋季节，鲜嫩的对虾、梭子蟹、青蟹、龙虾等陆续上市。这些人们日常食用的海产品可用来治疗伤痛、溃疡、脚癣、水肿等。有一种头戴盔甲、尾似利剑的甲壳动物，叫中国鲎，产于我国浙、闽、粤沿海。它全身无废物，肉可治脓疮、白内障，壳可用于跌打伤，内脏中的胆可治风癫疾。

苔藓虫是一类群体生活的动物，在中药上称海浮子，是治疗老年慢性支气管炎的良药。

棘皮动物中的一些品种如海参、海星、海胆、蛇尾也有药用价值。海参顾名思义是海中之参，蛋白质丰富，营养价值极高，既是海味珍品，又是高级滋补品。海星、海胆、蛇尾内有抗癌物质。海星还能治胃肠溃疡和癫痫。

我国医药工作者发现从海星中提取的有效成分能使人体精子失去活力，

可制成避孕新药。另外，用海星明胶代替血浆的研究也已获成功。

人类利用海鱼制药已有很长历史了，鱼肝油就是从鲨鱼等海鱼脏中提取的。鱼身上还可提取脑磷脂、卵磷脂、细胞色素 C 等药物。海马、海龙能壮阳补肾、舒筋活络、止血催产，是名贵中药。海水鱼中有 200 多种能分泌毒液。常听人说"拼死吃河豚（鲀）"，可见鲀鱼肉美，却有毒。尤其是春冬生殖产卵期间的个体毒性更烈，大有食而丧生之危险。然而正是这种毒可制成很好的局部麻醉剂。其他有些鱼类的毒素制成的麻醉药甚至比常规药剂的效能高 20 万倍。

海蛇、海龟都有滋补强壮作用。海蛇浸酒擦身可治风湿、产后风。玳瑁是治痘毒、疔疮的上等药材，海龟板可治结核、溃疡、肝硬化、咳喘等。

海洋中的庞然大物——鲸以及海豹、海狮、海豚等海兽浑身是宝，它们的肉含丰富的脂肪和蛋白质，内脏可制维生素补剂，骨可制骨粉。尤其是抹香鲸，体内能产生一种叫龙涎香的分泌物，是名贵的香料，也是医治咳喘、气结、心腹痛的特效药。据研究，龙涎香和海豚油对某种癌变有抑制作用。

此外，雄性海豹和海狗的生殖器俗称海狗肾，有补肾益精之功。不久前，我国医药部门以鲸、海豹的骨为原料，研制出疗效显著、安全无毒的风湿病新药，其有效率达 90% 以上。

丰富的矿产资源

毫无疑问，占地球表面 7 成以上的海洋是一个巨大的矿产资源宝库。

从海岸到大洋深处，遍布着人类所需要的丰富的矿产，海洋深处蕴藏着金、银、铜、铁、锡等重要矿藏。

海洋矿藏中最重要的当数锰结核，它是块状物质，堆积在水深 4000 ~ 6000

米的深海底上，总共约有 3 万亿吨，锰、铁、镍、铜等主要金属元素均以氧化物的形式富集于锰结核各层内。在海洋深处，存在着大量的重金属软泥，含有丰富的金、银、铜、锡、铁、铅、锌等，比陆地上要丰富得多。海洋是人类未来的矿产宝库，人类在开发海洋矿产时也应该注意保护海洋生态平衡，为海洋水族们留下一方宁静和谐的天堂。

铀

铀在裂变时能释放出巨大的能量，不足 1000 克的铀所含的能量约等于 2500 吨优质煤燃烧时释放的全部能量。在核能迅速发展的今天，铀成为各国重要的战略物资。陆地上的铀贮量非常少，海洋中却拥有着巨大的铀矿储藏量。据统计，大洋中铀的总储量约达 45 亿吨之多，这个储量相当于陆地总储量的 4500 倍。海洋中的铀含量仅是理论上的计算，毕竟铀在海水中的浓度非常小，每升海水仅含 3.3 微克，即在 1000 吨的海水中，仅含有 3.3 克的铀。如何开发和利用海洋上的铀能源成为科学家们一大难题。

铀的分布

铀在海洋中的分布也不均衡。在海水垂直分布上，太平洋、大西洋中的铀在 1000 米水深处含量最高；而在印度洋中部则是在 1000～1200 米为最高；最低的浓度是在水深 400 米处的海洋生物中，浮游植物体内的含铀量要比浮游动物高 2～3 倍。

如此不均衡的分布为铀能源的开发设置了新的难题。如何克服这些难题呢？我们拭目以待。

镁

镁合金可用来制造飞机、快艇、照明弹、镁光灯等。含镁元素的肥料还能促进绿色农作物的光合作用。患便秘的人，可以用硫酸镁作为泻药。镁的确与人类的生活息息相关。那么在海水中镁矿储量如何呢？科学家测定，它在海水中的含量仅次于氯和钠，每升海水中含有 1290 毫克的镁。

从海水中提取镁最早的国家

英国是最早从海水中提取镁的国家，1938 年英国便开始了此项工作。美国是从 1941 年开始的，美国人先后在海边建立了两个镁砂厂，年产大约 5 万吨镁砂。现在镁砂的提取已非昔日可比了，世界各国每年都从海水中提取数目庞大的镁砂。

镁的提取

从海水中提镁砂最基本的方法是往海水中加碱，使海水沉淀。生产简要过程是：首先把海水引入沉淀槽，再把粉石灰添入使之与海水快速反应，经过沉淀、洗涤和过滤，就可得沉淀块，再进一步炼烧就可得到氧化镁。氧化镁加入一定数量的盐酸就可变成氯化镁，再经过滤、干燥，然后进行电解，就可得到金属镁。

溴

溴在工业、医药领域中都有重要的应用。它是杀虫剂的重要组成成分；是医用镇静剂的主要成分；是抗菌类药物的主要组成元素……

海水中溴的浓度较高,在海水中溶解物质的顺序表中排第七位,每升海水中含溴 67 毫克。海水中的溴总量有 95 亿吨之多。

溴的工业用途

溴在工业上被大量用作燃料的抗爆剂,把二溴乙烷同四乙基铅一起加到汽油中,可使燃烧后所产生的氧化铅变成具有挥发性的溴化铅排出,以防止汽油爆炸。此外,溴还在石油化工产业中担负着非常重要的作用。

金 刚 石

金刚石是目前已知矿物中最硬的矿物,它被广泛应用于钻头和切削器材上。金刚石还有鲜艳夺目的色彩。纯度高的金刚石被称为钻石,它是一种贵重的宝石。金刚石还可制成拉丝模,做成的丝可做降落伞的线。细粒金刚石又是高级的研磨材料。

金刚石的产地

非洲大陆是金刚石之乡,南非、刚果(金)和刚果(布)均为金刚石的重要产地。非洲纳米比亚的奥兰治河口到安哥拉的沿岸和大陆架区估计金刚石总储量有 4000 万克拉。在奥兰治河口北面长 270 千米、宽 75 千米的地带特别富集。该地域含金刚石沉积物厚达 0.1 ~ 3.7 米,每立方米平均含金刚石 0.31 克拉,储量约有 2100 万克拉。金刚石的最大产地在非洲西南。由于奥兰治河流经含金刚石的岩石区,把风化的金刚石碎屑中的一部分带入到大西洋,形成了大量金刚砂矿,并在波浪的作用下,扩散到沿岸 1600 千米的浅滩沉积物中,形成了富集的金刚石砂矿。这里真可谓是举世闻名的"宝石之都"。

煤

海底蕴藏着丰富的煤矿，英国在北海和爱尔兰开采海底煤一般在100米深的水下。日本采煤业是从1880年开始的。目前，他们在九州岛海底已开始了大规模的采煤作业。现代海底采煤是一个比较复杂的过程，所以这项工程还未在世界上普及开来。

硫 黄 矿

墨西哥和美国在墨西哥湾开采海底硫黄矿规模较大。墨西哥的海底硫黄矿年产量达2000万吨，约占墨西哥硫黄总产量的20%。硫黄是一种重要的工业原料，应用十分广泛。

磷 钙 石

磷钙石是一种经济价值很高的矿产资源。磷钙石可以用来制造磷肥，可以广泛应用于农业肥料制造上。磷钙石溶解在鱼池里，可以加速角虾的生长。用它制成药物，可改善人的体质。因此磷钙石被誉为"生命之石"。在工业上，磷钙石也是重要的原料，可制成防锈材料。

磷钙石的分布

磷钙石结核广泛分布于海底到大陆架的外部海底上。从海平面以下几米到300米，甚至更深到3000米，都有它们的分布。磷钙石的沉积物薄层状地覆盖在海底。磷钙石在海底分布密度一般为1千克/平方米。

有资料表明，在北纬45°以北至南纬50°以南这一宽阔的纬度带海域内，均

有磷钙石的广泛分布，美国的加利福尼亚近海区磷钙石结核的覆盖面积达 1.5 万平方千米，储藏量达 10 亿吨以上。此外北美东部的大陆边缘的宽阔海域，也是磷钙石的富集地。此外，墨西哥、智利、新西兰、日本、印度等国海域也有富集的磷钙石分布。

海 绿 石

海绿石含有钾、铁、铝硅酸盐等矿物，氧化钾含量占 4%～8%，二氧化硅、三氧化铝和三氧化铁的含量约占 75%～80%。

海绿石颜色很鲜艳，有的是浅绿色，有的是黄绿色或深绿色。海绿石形态各异，有粒状、球状、裂片状等。海绿石富含钾、铁等盐矿物，颇具经济价值。

海绿石是提取钾的原料，可做净化剂、玻璃染色剂和绝热材料。海绿石和含有海绿石的沉积物还可做农业肥料。海绿石广泛分布于 100～500 米深的海底。

白 云 石

白云石是一种普通的矿物。白云石一般存在于石灰石和沉积岩中。

白云石能在遇到热盐酸时生成气泡。白云石蓄积铅、锌和银，是炼镁和冶金工业的主要原料，也是玻璃、耐火砖等建筑材料生产中不可缺的材料之一。2000 年前，法国自然科学家雷姆为之取名为"白云石"。他当时在意大利考察，发现了一条起伏不平的山脉横亘在蓝天下，全是浅白色的岩石，像一片白云，雷姆遂给这片岩石起名为"白云石"。

海底软泥

英国海洋考察船"挑战者号",在 1872 – 1876 年的环球探险中,在各大洋的海底,多次发现了深海软泥。探险科考队员们根据各种软泥的不同特性对其进行了分类,分别命名为抱球虫软泥、放射虫软泥、硅藻软泥、翼足类软泥、金属软泥等。

抱球虫软泥呈乳白色或黄褐色,约占洋底面积的 35%,覆盖在海底高原、海底山脊等水深相对较浅的海底。这种软泥的主要成分是海洋生物的石灰质壳体,其中以抱球虫为最多,约占 30%。由于这种软泥的碳酸钙($CaCO_3$)含量丰富,它被广泛用于制造建筑用水泥粉。

翼足类软泥

翼足类软泥以翼足虫和变形虫壳体为主要成分。这类软泥存于热带和亚热带洋底,散布于深海底部的珊瑚礁岛及海底山脊处,占大洋总面积的 1% 左右。

硅藻软泥

硅藻软泥的主要成分为浮游硅藻的硅介壳,是硅藻遗体沉积而形成的,二氧化硅含量丰富,呈草黄色或灰白色。硅藻软泥多分布于寒冷海区的洋底,常夹杂着浮冰带来的陆地岩石碎屑。它的分布约占洋底面积的 9%,硅藻软泥被广泛用于隔音绝热材料的制造上。

放射虫软泥

当深海红黏土中的放射虫蛙质壳的含量超过 20%，就被称为放射虫软泥。放射虫软泥仅分布于低纬度海底，在太平洋呈东西带状分布，而大西洋、印度洋则少见。

金属软泥

金属软泥矿是 40 多年来海底矿床研究的重大发现，它引起了世人的广泛关注。

1984 年，瑞典"信天翁号"船在红海航行时发现苏丹港至东北岸吉达中间的海水温度异常，较同纬度海水温度高。在 20 世纪 60 年代国际印度洋考察期间，他们在红海深约 2000 米的海洋裂谷中，发现了 4 个富含重金属和贵金属的构造盆地，他们将其命名为："亚特兰蒂斯 II 号"海渊、"发现号"海渊、"链号"海渊和"海洋学者号"海渊。总面积约 85 万平方千米，其水深都大于 2000 米，海底沉积软泥中金属元素含量特别高，覆盖沉积物的海水含盐度也很高。那里的水温异常，底层水温高达 56℃，水中的含矿程度比一般海水高 1000 多倍。软泥中含有大量的铜、铅、锌、银、金、铁和铀、钍等元素。而这些软泥多分布于红海中部的强烈构造破碎带上，它们的生成与地震和火山的活动有关。

钴

钴呈灰白色，它的化学性质像钛，可用来制作特种钢和超耐热合金，也可以做玻璃和瓷器上的蓝颜料。钴作为一种特殊金属元素可用于代替镭来治疗恶性肿瘤。此外，它在工业上也有广泛应用。

美国和德国共同于 1981 年在夏威夷以南的海底发现了钴、镍等资源。钴矿源集中在 800 ~ 2400 米深处海底高原的斜坡上。以太平洋为中心，各大洋的海底均不同程度地蕴藏着钴矿。其中仅在美国西海岸的 200 海里的海域内，蕴藏量就达 4000 万吨。丰富的钴矿蕴藏量为人类开发利用钴元素提供了广阔的平台。

锰 结 核

锰结核是海洋中重要的矿藏，它含有锰、铜、铁、镍、钴等 76 种金属元素。世界大洋锰结核矿的总储量约有 3 万亿吨，仅在太平洋的储量就达 1.7 万亿吨。如果把海洋中的锰结核全部开采出来，锰可供人类使用 3.33 万年，镍 2.53 万年，钴 34 万年，铜 980 年。而且锰结核还以每年 1000 万吨的速度在生长。人类利用海洋的下一步重点将放在如何去开发使用这类锰结核矿上，以解决现在普遍存在的矿产短缺危机。

锰结核的发现

1872 年，英国"挑战者号"海洋考察船在海洋学家汤姆森教授的带领下开始了环球考察。1873 年 2 月 18 日，"挑战者号"航行到达加那利群岛的费罗岛附近海域，用拖网采集取样时，发现了一种类似鹅卵石的黑色硬块。它的形状类似马铃薯，颜色为黑色，直径为1 ~ 25厘米。汤姆森将这些海底矿样当做一般样品封存了起来，这些样品并未引起"挑战者号"科学家们足够的重视。海洋学家将这些样品存放在大英博物馆。后来，经地质专家的化验分析，这些黑色

海洋资源

宣署海洋

193

"马铃薯"是由锰、铁、镍、铜、钴等多种金属的化合物组成的。剖开来看，发现这种团块是以岩石碎屑、动植物残骸的细小颗粒和鲨鱼牙齿为核心，呈同心圆状一层一层长成的，专家们遂将这些团块称为"锰结核"。

锰结核的分布

锰结核分布在大洋中水深 2000～6000 米的海底。在太平洋北纬 20°～60°，西经 110°～180°之间的海域广泛分布着，其宽度约 200 千米，总面积为 1080 万平方千米。这个海域大约 75% 以上的海底为锰结核所覆盖，其密度为 10 千克/平方米。

现在人类科学家们已攻克了开采、冶炼锰结核的技术难关，人类从此便没必要担心锰、铁、镍等几种金属矿产不足的情况发生了。

热 液 矿

1981 年，美国科技工作者在太平洋东部厄瓜多尔附近的海域底部发现了热液矿藏，这一发现吸引了全球地质学家的目光。这个巨型热液矿床处在 2400 米的海底，在长 1000 米、宽 218 米的范围内，储藏量竟达 2500 万吨。科学家们经过分析化验发现这种矿富集铜、铁、钼、钮、银、锌、镉等元素。这实在是人类地质科考中令人惊喜的大发现。

热液矿的优点

热液矿具有非常大的吸引力。首先，热液矿在海平面下 3000 米以上，便于开采；其次，热液矿单位面积产量高，要超过锰结核千倍，含有贵金属也多，具有更大的诱惑力；第三，陆上已有与热液矿相似的矿床，金属提炼方法成熟，技术难度小；第四，太平洋大洋中脊的位置离美国近。所以，美利坚的投资者们对热液矿产生了浓厚的兴趣。

巨大的海洋能源

波 浪 能

波浪能是指海洋表面波浪所具有的动能和势能。波浪的能量与波高的平方、波浪的运动周期以及迎波面的宽度成正比。波浪能是海洋能源中能量最不稳定的一种能源。台风导致的巨浪，其功率密度可达每米迎波面数千千瓦，而波浪能丰富的欧洲北海地区，其年平均波浪功率也仅为 20 ~ 40 千瓦/米。中国海岸大部分的年平均波浪功率密度为 2 ~ 7 千瓦/米。

波浪发电是波浪能利用的主要方式。此外，波浪能还可以用于抽水、供热、海水淡化以及制氢等。波浪能利用装置大都源于几种基本原理，即：利用物体在波浪作用下的振荡和摇摆运动；利用波浪压力的变化；利用波浪的沿岸爬升将波浪能转换成水的势能等。经过 20 世纪 70 年代对多种波能装置进行的实验

室研究和 80 年代进行的实海况试验及应用示范研究，波浪发电技术已逐步接近实用化水平，研究的重点也集中于 3 种被认为是有商品化价值的装置，包括振荡水柱式装置、摆式装置和聚波水库式装置。

根据调查和利用波浪观测资料计算统计，我国沿岸波浪能资源理论平均功率为 1285.22 万千瓦，这些资源在沿岸的分布很不均匀。以台湾省沿岸为最多，为 429 万千瓦，占全国总量的 1/3。其次是浙江、广东、福建和山东沿岸也较多，在 160 万~205 万千瓦，约为 706 万千瓦，约占全国总量的 55%，其他省市沿岸则很少，仅在 143 万~56 万千瓦。广西沿岸最少，仅 8.1 万千瓦。

全国沿岸波浪能源密度（波浪在单位时间通过单位波峰的能量）分布，以浙江中部、台湾、福建省海坛岛以北，渤海海峡为最高，达 5.11~7.73 千瓦/米。这些海区平均波高大于 1 米，周期多大于 5 秒，是我国沿岸波浪能能流密度较高，资源蕴藏量最丰富的海域。其次是西沙、浙江的北部和南部，福建南部和山东半岛南岸等能源密度也较高，资源也较丰富，其他地区波浪能能流密度较低，资源蕴藏也较少。

根据波浪能能流密度及其变化和开发利用的自然环境条件，首选浙江、福建沿岸为重点开发利用地区，其次是广东东部、长江口和山东半岛南岸中段。也可以选择条件较好的地区，如嵊山岛、南麂岛、大戢山、云澳、表角、遮浪等处，这些地区具有能量密度高、季节变化小、平均潮差小、近岸水较深、均为基岩海岸、岸滩较窄，坡度较大等优点，是波浪能源开发利用的理想地点，应做为优先开发的地区。

海 流 能

海流能是指海水流动的动能，主要是指海底水道和海峡中较为稳定的流动以及由于潮汐导致的有规律的海水流动。海流能的能量与流速的平方和流量成正比。相对波浪而言，海流能的变化要平稳且有规律得多。潮流能随潮汐的涨落每天 2 次改变大小和方向。一般说来，最大流速在 2 米/秒以上的水道，其海流能均有实际开发的价值。

海流能的利用方式主要是发电，其原理和风力发电相似，几乎任何一个风力发电装置都可以改造成为海流发电装置。但由于海水的密度约为空气的 1000 倍，且装置必须放于水下。故海流发电存在一系列的关键技术问题，包括安装维护、电力输送、防腐、海洋环境中的载荷与安全性能等。此外，海流发电装置和风力发电装置的固定形式和透平设计也有很大的不同。海流装置可以安装固定于海底，也可以安装于浮体的底部，而浮体通过锚链固定于海上。海流中的透平设计也是一项关键技术。我国沿岸潮流资源根据对 130 个水道的计算统计，理论平均功率为 13 948.52 万千瓦。这些资源在全国沿岸的分布，以浙江为最多，有 37 个水道，理论平均功率为 7090 兆瓦，约占全国的 1/2 以上。其次是台湾、福建、辽宁等省份的沿岸也较多，约占全国总量的 42%，其他省区较少。

根据沿海能源密度，理论蕴藏量和开发利用的环境条件等因素，舟山海域诸水道开发前景最好，如金塘水道（25.9 千瓦/平方米）、龟山水道（23.9 千瓦/平方米）、西侯门水道（19.1 千瓦/平方米），其次是渤海海峡和福建的三都澳等，如老铁山水道（17.4 千瓦/平方米）、三都澳三都角（15.1 千瓦/平方米）。以上海区均有能量密度高，理论蕴藏量大，开发条件较好的优点，应优先开发利用。

盐 差 能

盐差能是指海水和淡水之间或两种含盐浓度不同的海水之间的化学电位差能。主要存在于河海交接处。同时，淡水丰富地区的盐湖和地下盐矿也可以利用盐差能。盐差能是海洋能中能量密度最大的一种可再生能源。通常，海水（35‰盐度）和河水之间的化学电位差有相当于 240 米水头差的能量密度。这种位差可以利用半渗透膜（水能通过，盐不能通过）在盐水和淡水交接处实现。利用这一水位差就可以直接由水轮发电机发电。

　　盐差能的利用主要是发电。其基本方式是将不同盐浓度的海水之间的化学电位差能转换成水的势能，再利用水轮机发电，具体主要有渗透压式、蒸汽压式和机械—化学式等，其中渗透压式方案最受重视。

　　将一层半透膜放在不同盐度的两种海水之间，通过这个膜会产生一个压力梯度，迫使水从盐度低的一侧通过膜向盐度高的一侧渗透，从而稀释高盐度的水，直到膜两侧水的盐度相等为止。此压力称为渗透压，它与海水的盐浓度及温度有关。目前提出的渗透压式盐差能转换方法，主要有水压塔渗压系统和强力渗压系统两种。我国海域辽阔，海岸线漫长，入海的江河众多，入海的径流量巨大，在沿岸各江河入海口附近蕴藏着丰富的盐差能资源。据统计我国沿岸全部江河多年平均入海径流量为 $1.7 \times 10^{12} \sim 1.8 \times 10^{12}$ 立方米，各主要江河的年入海径流量为 $1.5 \times 10^{12} \sim 1.6 \times 10^{12}$ 立方米，据计算，我国沿岸盐差能资源蕴藏量约为 3.9×10^{15} 千焦耳，理论功率约为 1.25×10^8 千瓦。

　　我国盐差能资源有以下特点：

　　（1）地理分布不均。长江口及其以南的大江河口沿岸的资源量占全国总量的 92.5%，理论总功率达 1.156×10^8 千瓦，其中东海沿海占 69%，理论功率为 0.86×10^8 千瓦。

　　（2）沿海大城市附近资源最富集，特别是上海和广东附近的资源量分别占全国的 59.2% 和 20%。

　　（3）资源量具有明显的季节变化和年际变化。一般汛期 4~5 个月的资源量占全年的 60% 以上，长江占 70% 以上，珠江占 75% 以上。

　　（4）山东半岛以北的江河冬季均有 1~3 个月的冰封期，不利于全年开发利用。